Die Deutsche Bibliothek –
CIP-Einheitsaufnahme

Blumen und Vasen : Kreationen mit Stil / Pierre Brinon und Philippe Landri. Fotos von Christophe Dugied. Text von Oliver DeVleeschouwer. [Aus dem Franz. übers. von Gisela Sturm]. –
Hildesheim : Gerstenberg, 1999
Einheitssacht.: Leçons de fleurs <dt.>
ISBN 3-8067-2844-5

Aus dem Französischen übersetzt von Gisela Sturm

Die Originalausgabe erschien 1997 unter dem Titel *Leçons de fleurs* bei Flammarion, Paris.

Konzeption: Ghislaine Bavoillot

Gestaltung: Marc Walter

Satz: Gerstenberg Druck, Hildesheim
Printed in Italy by Canale, Turin
ISBN 3-8067-2844-5

Pierre Brinon und Philippe Landri
Fotos von Christophe Dugied
Text von Olivier de Vleeschouwer

Blumen und Vasen

Kreationen mit Stil

Gerstenberg Verlag

Inhalt

Der erste Strauß

»Wir sagten, wir würden drei Rosen, zwei Ranken Klematis und eine Schafgarbe pflükken gehen ...« So könnte ein Buch beginnen. Mit einer Geschichte, die man sich ausdenkt und weitererzählen möchte. Doch nur jene unter uns, denen die frühen Kindheitserinnerungen an die Erdklumpen unter den Schuhsohlen und den klebrigen Saft stibitzter Johannisbeeren unauslöschlich ins Gedächtnis gebrannt sind, werden sich für derlei Geschichten interessieren. Der heutzutage weitverbreitete Wunsch nach dem eigenen Garten entspringt häufig nur einer Laune, die nicht langlebiger ist als eine schnell verwelkte Rose. Daß Pfingstrosen aber mit schöner Regelmäßigkeit im Wonnemonat Mai ihre Blüten entfalten, ist eine der zahlreichen Gesetzmäßigkeiten der Natur. Wer weiß noch, für wen er den ersten Strauß aus Wald- und Wiesenblumen gepflückt hat, aus dem unterschiedlich lange Stiele kreuz und quer herausragten? Wie lange hat dieser Strauß überlebt – eine Stunde vielleicht, einen Tag oder länger? Zumindest in unserer Erinnerung ist er noch sehr präsent. Der kleinste Strauß aus Gänseblümchen, in einem ausgedienten Marmeladenglas arrangiert, hat auf der Welt nicht seinesgleichen. Für wen wir ihn wohl gepflückt haben? Für unsere Großmutter vielleicht oder als Geburtstagsgeschenk für unsere Mutter? Oder für jemand anders, dem wir unsere Zuneigung zeigen wollten? Auch wenn wir uns nur noch verschwommen daran erinnern können – mit Sicherheit war dieser erste Strauß ein persönliches Präsent, mit dem wir Freude bereiten, jemandem unsere tiefsten Gefühle, die so schwer in Worte zu fassen waren, zeigen wollten ... Jemandem zum erstenmal Blumen zu schenken ist eine ebenso impulsive wie symbolträchtige Hand-

Die kompakten Sträuße von »Les Mille Feuilles« bestechen durch ihre Fülle und ihren Reichtum an Texturen. Dieser Strauß besteht u.a. aus vollerblühten Rosen und kirschroten Chrysanthemen.

In einer Manschette aus farblich passendem Seidenpapier wird jeder Strauß zu einem erlesenen Präsent.

Das Geschäft »Les Mille Feuilles« im Pariser Maraisviertel gleicht einer kleinen Oase. Halb Garten, halb Wohnzimmer, zieht es seine Besucher mit einem Blumenmeer in Bann, dessen mannigfaltige Farben und Düfte ihresgleichen suchen. Vasen, Leuchter, Antiquitäten und Bücher machen das Ambiente noch behaglicher.

lung – die Geste eines Kindes, das soeben entdeckt, wie unkompliziert und direkt es seine Zuneigung offenbaren kann. Dabei spielt es keine Rolle, ob es sich um einfache Wiesenblumen oder edle Rosen handelt, sofern der Strauß mit Liebe zusammengestellt wird. Es ist auch nicht so wichtig, daß es uns nie wieder gelingen wird, diesen ersten Strauß zu kopieren. Hauptsache, wir haben uns die Spontaneität und das Gefühl dafür, was diese Geste ausdrücken sollte, bewahrt. Denn die kindliche Freude an einem schönen Strauß sollte auch dann erhalten bleiben, wenn man mit Blumensträußen seinen Lebensunterhalt verdient.

Der vorliegende Bildband wird Sie auf jeder Seite mit einem kleinen Wunderwerk überraschen. Wir präsentieren Ihnen Sträuße in allen Variationen, kostbare und elegante, natürliche oder raffinierte Arrangements in leuchtenden Farben oder hellen Pastelltönen. Sie duften angenehm, und einer ist so schön wie der andere.

Stendhal hat einmal geschrieben, daß Schönheit kein Glücksversprechen sei. Auf den folgenden Seiten wird der Beweis erbracht, wie unrecht er hatte!

Tausend Blumen, tausend Blätter

Wer jemals den Blumenladen »Les Mille Feuilles« im Pariser Maraisviertel betreten hat, wird feststellen, daß die Eigentümer über ein beachtliches Talent verfügen, mit Blumenschmuck Atmosphäre zu schaffen. Mit ihrem einzigartigen Geschäft haben sich Pierre Brinon und Philippe Landri ihren jahrelang gehegten Traum erfüllt, sich in einem sehr persönlich und wohnlich anmutenden Ambiente mit Blumen zu umgeben. Dazu gehören antike Möbel, Textilien und Geschirr, die sich mit duftenden, farbenprächtigen Blumensträußen wunderschön in Szene setzen lassen. So wird jede einzelne Blüte zum Inbegriff von Lebensfreude und jeder verschenkte Strauß zu einem Zeichen von Zuneigung. Mit dieser Philosophie betreiben die Besitzer der »tausend Blätter« ihr Metier. Ob sie einen schlichten Narzissenstrauß oder ein raffiniertes Bukett kreieren – jedes Arrangement ist ein Fest für die Sinne, und nie verläßt sie die Lust am Experimentieren. Obwohl sie nicht mit einem Erfolgsrezept aufwarten können, haben Pierre Brinon und Philippe Landri sich entschlossen, zum zehnjährigen Jubiläum ihres Geschäfts die Geheimnisse ihrer Kunst und deren gleichermaßen schlichte wie virtuose Ergebnisse einem breiten Publikum zugänglich zu machen. Ihre Kreativität im Umgang mit Farben und Formen und der Wunsch, die Sträuße den jeweiligen räumlichen Gegebenheiten anzupassen, sichert ihnen nicht nur den Beifall des breiten Pariser Publikums, sondern auch der Prominenz aus Film- und Modewelt, die bei den verschiedensten Anlässen die Hilfe der beiden Floristen – Autodidakten,

Diese Seite: *Gartenblumen wie Pfingstrosen, Flieder und Duftwicken (rechts), Schneeball, Wolfsmilch und Anemonen (unten) verleihen den Sträußen der Autoren dieses Buchs Anmut und Frische.*

Rechts: *Die farbenfrohe Mosaikvase inspirierte uns zu diesem buschigen Strauß, der Rosen, Schafgarbe und blühenden Lauch zu einer Symphonie aus Pink und Gelb vereint. Das gelbgefleckte Hartriegellaub und die leuchtendroten Johannisbeeren mit ihren hellgrünen Blättern verleihen dem üppigen Arrangement eine spielerische Note.*

nebenbei bemerkt – in Anspruch nimmt. Aus ihren unverwechselbaren Kreationen sprechen ein beeindruckendes Know-how, Disziplin und Freude an üppiger barocker Pracht. Zur Premierenfeier von Jean-Paul Rappeneaus Film Der Husar auf dem Dach nach dem Roman von Jean Giono verwandelten sie das berühmte Pariser Restaurant »Le Doyen«, in dem das Festbankett stattfand, in ein typisch provenzalisches Bauernhaus. Die Idee, die Premierengäste in Gionos farbenprächtige Welt zu entführen, war ihnen nach einer Pressevorführung des Films gekommen. Sie dachten an jedes Detail: Mit roten und ockerfarbenen Tischtüchern, safrangelbem Geschirr, einem riesigen runden Buffet und Kerzenständern, dekorativen Keramikvasen aus Anduze, Ölbaumzweigen und Sonnenblumen schufen sie eine Atmosphäre, deren Zauber sich niemand entziehen konnte. Um das Flair des südfranzösischen Städtchens Manosque heraufzubeschwören, durfte selbst Grillenzirpen nicht fehlen. »Sämtliche Gäste der Premierenfeier im ›Le Doyen‹ waren überwältigt!« hieß es im Anschluß begeistert.

Dieser Strauß wurde für ein Gartenfest im Park von Saint-Cloud kreiert. Die warmen Farben dieser Melange aus Nelken, Rosen 'Sari', Pfingstrosen und Pfaffenhütchen künden vom Ende des Frühlings und vom Beginn des Sommers.

Die nach einer traditionellen japanischen Methode gefertigten Blumentöpfe mit Emaille-Krakelee sind in vielen Farben erhältlich. Jedes Gefäß ist ein Unikat.

Nicht minder angetan ist in der Regel das Publikum der alljährlich stattfindenden Gartenschau »L'Art du Jardin in Saint-Cloud«, wenn es den anheimelnd dekorierten Stand von Brinon und Landri entdeckt. Seitdem diese Messe im Frühjahr 1994 zum erstenmal ihre Tore öffnete, macht der Messestand von »Les Mille Feuilles« Furore. Schon damals war der Name in aller Munde. »Waren Sie schon am Stand von ›Les Mille Feuilles‹? Einfach hinreißend!« Es wimmelte nur so von Menschen, die sich in der luxuriösen Atmosphäre zwischen Konsolen und anderen Möbeln mit ehrwürdiger Patina, Gemälden, Leuchtern, Gartenbauplänen und Unmengen getrockneter Früchte und frischer Schnittblumen überaus wohl fühlten.

Der Laden »Les Mille Feuilles« ist von einem künstlerischen Geist durchdrungen, der jede ausgediente Fabrik in eine urgemütliche Klause verwandelt. Pierre Brinons und Philippe Landris Gespür für die Aura von Räumlichkeiten und ihre leidenschaftliche Faszination für die Interieurs, für die der jeweilige Blumenschmuck bestimmt ist, spiegeln sich in jedem Strauß, den sie zusammenstellen. Mittlerweile sind ihre Kreationen in Berlin, London oder Madrid ebenso ein Begriff wie in New York und Tokio; und doch wirkt jeder Strauß wie ein individuelles, von guten Bekannten ausgewähltes Präsent. Die Unterschiede liegen im Detail. Brinon und Landri waren die ersten Floristen, die ihre Sträuße in farblich passendes Seidenpapier hüllten. »Cellophan wirkt scheußlich steril. Ein Blumenstrauß ist etwas sehr Persönliches, das in intaktem Zustand übergeben werden sollte. Blumen sind schließlich etwas Lebendiges, und so sollte man sie auch behandeln.« Darüber hinaus ist diese offene Hülle ideal für die modischen rundgebundenen Arrangements – eine Spezialität des Hauses –, die in fast jeder Vase ihre Wirkung entfalten und den spielerischen Umgang mit Farbharmonien und -kontrasten ermöglichen. Zwar haben Brinon und Landri den runden Strauß nicht erfunden, wohl aber eine Variante, bei der die Blumen in mehr oder weniger dicken Bündeln verarbeitet werden. Dieser kleine Trick begründete ihren Erfolg und ließ kleine, vergängliche Kunstwerke entstehen, deren großartiger optischer Effekt auf der Kombination von Farben und Formen beruht. Sämtliche Blumen des Geschäfts werden bündelweise in Szene gesetzt. Erwirbt man ein solches Arrangement, erhält man einen Teil jenes

Die Manschette aus zwei Bögen Seidenpapier ist farblich gut auf die goldgelben Inkalilien und das limonengrüne Hasenohr abgestimmt.

Rote Blumen haben einen Ehrenplatz bei »Les Mille Feuilles«. Hier wurde aus Rosen, Schafgarbe und rot eingefärbter Goldrute eine faszinierende Farbharmonie komponiert.

Rechts: *Rankendes Grün wie z.B. Efeu verleiht den Blumengefäßen im Laden Lebendigkeit.*

Links: *Für dieses Ton in Ton gehaltene runde Bukett wurden porzellanweiße Rosen, Schafgarbe und Schwarzkümmel mit einem Bund azurblauem Ehrenpreis kombiniert: ein zeitloses Arrangement.*

Blütenmeeres im Geschäft der beiden Floristen, das den Blick zuvor magisch angezogen hat.

Die Pflanzen stammen überwiegend aus den kleinen Freilandgärtnereien im Pariser Umland, da Treibhausblumen nie die unregelmäßige, natürliche Schönheit von Freilandprodukten aufweisen. »Wir bereichern unser Sortiment, indem wir uns unermüdlich um seltene Arten oder ausgefallene Farbtöne bemühen.« So lassen purpurfarbene Skabiosen, anmutige Akeleien, Christrosen, knallrote, intensiv duftende Rosen der Sorte 'Glorys' oder auch einfache Lupinen Erinnerungen aufleben, die Treibhausware nicht wachrufen könnte. Doch was würde geschehen, wenn die kleinen Gärtnereien eines Tages von der Bildfläche verschwänden? Diese gar nicht so abwegige Vorstellung erfüllt die beiden Floristen mit Schrecken. Würde sie wahr, wäre das Ende ihrer kleinen, poetischen Welt gekommen.

Dieses Buch steckt voller Anregungen für Menschen, die mit harmonisch zusammengestellten und auf die Jahreszeit abgestimmten Sträußen Emotionen wecken möchten. Es enthält viele aus der langjährigen Praxis der Verfasser abgeleitete Ratschläge und wird all jenen Freude bereiten, die ein Blumenbukett in Entzücken versetzt.

Ein Blumenstrauß ist wie ein Stück Natur, das die Wohnung mit der Außenwelt verbindet. Blumensträuße sind vergänglich, und sie dienen keinem besonderen Zweck. Sie sind ein Luxus, der für alle erschwinglich ist. Ob Frühling oder Winter – jede Jahreszeit hat ihre Höhepunkte, Düfte und Reichtümer. Nach der Lektüre dieses Bildbandes werden Sie Blumen mit neuen Augen sehen und in der Lage sein, sie mit persönlichen Gegenständen wirkungsvoll in Szene zu setzen – z.B. bei festlichen Anlässen wie einer Hochzeit oder Weihnachten. Für Momente werden Sie sogar in der Illusion leben, daß die vergängliche Blumenpracht von Dauer sein könnte.

Unten: *Das blütenweiße Seidenpapier bildet eine perfekte Ergänzung zu den gedämpften Pastelltönen dieses exquisiten Frühlingssträußchens.*

Frühling

Oben: *Die Medicivase hebt die cremerosa Blüten der Zierkirsche in diesem bunten Frühlingsstrauß optimal hervor. Die schwere Masse der Tulpen, Anemonen und Hyazinthen kontrastiert mit den zarten Vergißmeinnicht und Duftwicken.*

Links: *Die filigranen Blüten des Spierstrauchs verleihen diesem Strauß aus Pfingstrosen, gefüllten Tulpen und Duftwicken ganz besondere Anmut.*

In der Erde beginnt es sich zu regen, die Tage werden länger, und an den Bäumen sprießt das erste Grün. Der Frühling ist da! Nach einem Winter, der wie immer endlos erschien, kann man sich an den zahllosen Farben nicht satt sehen. Gelb dominiert. Aus blühenden Zwiebelpflanzen – Narzissen, Hyazinthen und Tulpen –, Ranunkeln, Flieder, Iris, Pfingstrosen und allerlei Blütenzweigen lassen sich die unterschiedlichsten Sträuße zusammenstellen. Wenn in unserem Garten in der Normandie die glänzenden, harzigen Knospen der Apfelbäume aufbrechen, hüllt die sich entfaltende Blütenpracht die Bäume flugs in weiße und rosa Wolken. Forsythien, Ginster, perlmutterfarbene Kirschblüten und Schneeball vertreiben das monotone Grau des Winters. Gelegenheiten, mit einem Armvoll Papageientulpen, einem Strauß Iris oder auch gemischten rundgebundenen Arrangements die Wiederkehr der warmen Jahreszeit zu zelebrieren, bieten sich zuhauf. Jeder Vorwand, das Sonnenlicht in Form von üppigen, luftigen Sträußen ins Haus zu holen, ist willkommen. Die zarten Düfte regen unsere Sinne an, und jetzt, da die Zeit der gemütlichen Winterabende zu Ende geht, öffnen wir das Haus und lassen die Frühlingsluft hineinströmen. Diese Jahreszeit steht im Zeichen des Lichtes und der Transparenz.

Oben: *Ranunkeln, die Frühlingsblumen schlechthin, gibt es sowohl in hellen Pastelltönen als auch in kräftigen Farben. Sie wirken bereits im Knospenstadium sehr ansprechend und werden, je weiter sich die Blüten öffnen, immer schöner.*

Rechts: *Frisch aus dem Garten, breiten die duftigen, voluminösen Pfingstrosen 'Sarah Bernhardt' ihren Schirm über die zarten violetten Duftwicken.*

Vasen aus Glas sind sehr beliebt, weil unsere Augen sich am Anblick schlanker Stiele erfreuen wollen. Der Frühling, die Zeit des Neubeginns und der Wiedergeburt, erfüllt uns mit der Entdeckerlust kleiner Kinder, die sich von der hinreißenden Schönheit der ersten goldgelben Krokusse, blaßgelben Schlüsselblumen, der Osterglocken, tiefblauen Traubenhyazinthen und zarten Vergißmeinnicht bezaubern lassen. Perlmutterfarbene Kamelien, die Blüten von Zierpflaume, Mandelbaum und Ranunkeln bieten eine reiche Skala an Rosétönen, von hellem Pastell bis hin zu sattem Pink, und bringen uns den Gruß der Sonne ins Haus. Am besten eignen sich jedoch Pfingstrosen dazu, dem Frühlingslicht zu huldigen. Wenn die unumschränkte Königin des Wonnemonats Mai alljährlich ihr kurzes Gastspiel gibt, erfüllt sie, zu voluminösen Sträußen gebunden, die Räume mit dem zarten Honigduft ihrer üppigen Blüten.

Der Frühling, die Jahreszeit des Wandels und des Neubeginns, läßt die Herzen höher schlagen. Viele Hochzeiten werden jetzt gefeiert. Schwelgerischer Blumenschmuck begleitet den festlichen Anlaß, verschönert den Traualtar wie die Hochzeitstafel. Im Mittelpunkt steht der symbolträchtige Brautstrauß. Als Inbegriff schwereloser Anmut wird er nach dem großen Ereignis gern getrocknet und damit zu einem unvergänglichen Andenken. Leider aber ist diese Jahreszeit, die stets mit Sehnsucht erwartet wird, im allgemeinen zugleich die kürzeste. Schon deswegen sollten wir versuchen, ihre alljährliche Wiederkehr aus vollem Herzen zu genießen.

Ein Frühstück in der Sonne

An einem schönen Frühlingsmorgen aufzuwachen ist ein Erlebnis. Die Vögel zwitschern nach Herzenslust, ein wolkenloser, wie frisch gewaschener Himmel begrüßt uns, das Licht flutet durch das offene Fenster herein, und die frische, klare Luft füllt uns mit ihren feinen Düften die Lungen. Der schönste Auftakt für einen solchen Frühlingstag ist ein Frühstück, das auf einem blumengeschmückten Tablett am Bett serviert wird. Hier wurden die frischen Farben des Straußes auf die Pastelltöne der Porzellanmalerei abgestimmt.

Gibt es etwas Schöneres als ein Sonntagsfrühstück im Bett, um die Wiederkehr des Frühlings zu zelebrieren? Das Tablett mit dem frischen Leinentuch ist mit einem verträumten Strauß aus Stiefmütterchen, Duftwicken und Hyazinthen in Blau und Lila geschmückt.

Dieses heitere Stelldichein läßt sogar das Weiß der Bettwäsche weicher und lebendiger aussehen. Uns stand der Sinn nach einem Strauß mit unverkennbarem Duft, der belebend auf die Farben wirkt – und umgekehrt. Blaßblaue Vergißmeinnicht und seidig glänzende violette Stiefmütterchen harmonieren mit hellblauen Duftwicken und hellvioletten Hyazinthen. Die goldgelben Blütenstände der Wolfsmilch sorgen für farbliche Ausgewogenheit, und die glänzenden, runden Buchsbaumblätter betonen die unverfälschte Natürlichkeit des Ensembles.

Blüten und Blätter werden zu einem runden Strauß gebunden (siehe Seite 143), wobei man dominierende Blumen, z.B. Hyazinthen oder Stiefmütterchen, mit Vergißmeinnicht oder schwach duftenden Wicken abwechseln lassen sollte. Als Vase dient hier eine Zuckerdose aus Milchglas.

Praktische Tips Damit auf dem Tablett genügend Platz für das Frühstückszubehör bleibt, darf der Strauß nicht zu groß geraten. So wird er auch nach dem Frühstück auf dem Nachttisch oder einer Kommode problemlos Platz finden.

Falls Sie den intensiven Duft von Hyazinthen nicht mögen, wählen Sie besser schwächer duftende Blumen. Eine geeignete Alternative sind Traubenhyazinthen, die in kleinen Bündeln arrangiert werden. Die lavendelblau schimmernden Blütenstände machen jeden Strauß zu einer Augenweide.

Zum Muttertag

Wird irgendwo ein Blumenstrauß arrangiert, stellen sich gern die Kinder ein, um bald mit einer geknickten Ranunkel oder einem matten Stiefmütterchen, das im Strauß keinen Platz mehr gefunden hat, wie mit einem Schatz von dannen zu ziehen. Wie wäre es, wenn Sie ihnen einmal freie Hand ließen? Der Muttertag ist die ideale Gelegenheit, die kindliche Phantasie auf die Probe zu stellen und den Kleinen die Tischdekoration zu überlassen. Sie benötigen dafür denkbar wenig: eine nicht zu hohe runde oder längliche Glasschale, Glaskugeln, ein Bund aufblühende Rosen und einige Hyazinthen. Wenn Sie den kleinen Nachwuchsgärtnern ein wenig Starthilfe leisten, ohne allzustark einzugreifen, werden sie das Gefühl haben, ihre Aufgabe selbständig zu erfüllen. Zunächst wird die Schale mit Wasser gefüllt und der Boden mit einer 2 cm hohen Schicht Glaskugeln bedeckt. Dann kappt man die Stiele der Rosen knapp unterhalb der Blüten und löst die Einzelblüten der Hyazinthen behutsam von der Traubenachse. Zum Schluß werden die Blüten zwanglos auf dem Wasser verteilt. Dieser Tafelschmuck ist kinderleicht zu arrangieren und doch ungemein wirkungsvoll, weil die gläsernen Kugeln im Wasser zauberhafte Lichteffekte hervorrufen.

Praktische Tips Auch viele andere Blumen eignen sich für eine solch phantasievolle Dekoration hervorragend. Wer befürchtet, daß die Kinder sich an den Dornen verletzen könnten, kann statt Rosen auch vollerblühte Anemonen nehmen. Wichtig ist lediglich, daß die Farben der Blumen kontrastieren, ohne sich zu beißen. Bei unserem Beispiel dämpft der zarte Lilaton der Hyazinthen das lebhafte Gelb der Rosensorte 'Princess Michael of Kent'.

Zum Muttertag schenken Kinder ihren Müttern gern Blumen. Diese bestechend einfache, aber wirkungsvolle Tischdekoration aus frischen Frühlingsblumen und gläsernen Kugeln entfaltet einen unwiderstehlichen Zauber.

Der Mai ist gekommen

Der Mai ist die Zeit des Maiglöckchens, der beliebten Wald- und Wiesenblume aus der Familie der *Liliaceae*, die im Blumenreigen des Frühlings nicht fehlen darf. In Frankreich verschenkt man die entzückenden Glöckchen zum Ersten Mai. Wir binden Maiglöckchen seit zehn Jahren den ganzen Monat über in gemischte Sträuße ein. Die cremeweißen Blüten, die Glück in der Liebe bringen sollen, setzen in Buketts mit den verschiedensten Farbkombinationen fröhliche Akzente.

Der Mai ist auch der Monat, in dem sich die Farben der Natur verändern. Das Gelb wird intensiver, die Rosétöne vertiefen sich zu Purpurrot, und die unterschiedlichen Grüntöne haben die Transparenz, die sie in den ersten Frühlingswochen besaßen, meist bereits verloren.

Für eine Geburtstagsfeier im Mai wird die festliche Tafel mit herbfrischen, dezent duftenden Blumen geschmückt. Ist das Maiglöckchen mit von der Partie, wird sie besonders hübsch. In diesem hellen rundgebundenen Strauß (siehe Seite 143) vermittelt der sanfte Cremeton der Maiglöckchen zwischen dem kräftigerem Orangeton der Rosensorte 'Princess Michael of Kent' und dem Lachsrosa der Stiefmütterchen. Er akzentuiert das Grün der frisch aufgeblühten Schneeballblüten und schafft einen weichen Übergang zwischen den gelben Blatträndern des Pfaffenhütchens und dem glänzenden Dunkelgrün des Buchsbaumlaubes. Die Blütenornamente der Milchglasvase, in der sich das Sonnenlicht spiegelt, setzen einen Kontrapunkt. Die Rosenstiele wurden von Dornen (siehe Seite 141) und überzähligen Blättern, die im Wasser faulen würden, befreit.

Praktische Tips Wenn Blumen als Tischdekoration dienen, sollten die Sträuße nicht über Augenhöhe hinausragen, denn Blumenschmuck ist ja nicht als Abschirmung zwischen den Gästen gedacht!

Bei größeren Festen empfiehlt sich die Aufstellung mehrerer identischer Sträuße. So entsteht ein wunderschöner Blumenreigen.

Kleine rundgebundene Sträuße in frischen Farben sind die ideale Dekoration für eine fröhlich beschwingte Festtafel.

Zwischen Rosen, Stiefmütterchen und Schneeball entfalten Maiglöckchen einen unvergleichlichen Charme. Die kleinen Sträuße werden als Tischschmuck zwischen jeweils zwei Gästen plaziert.

Ein romantischer Strauß

Diese Doppelseite: *Unser Arbeitsraum liegt zwischen Atelier und Garten. Hier ist er mit einem Strauß aus rosaviolettem Flieder,*

weißen Pfingstrosen sowie Ranunkeln, Rhododendron und Duftwicken in Pastelltönen geschmückt. In einer Glasvase kommt dieses Arrangement am besten zur Geltung.

Wer kennt nicht den betörenden honigartigen Duft von Flieder! Dem anspruchslosen Strauch ist jeder Standort recht, um seinen prächtigen Blütenflor zu entfalten – in der Ecke eines bescheidenen Vorgartens fühlt er sich ebenso wohl wie an der Mauer eines altehrwürdigen Palastes. Diese Ursprünglichkeit, das Charakteristikum des Flieders, strahlt auch der abgebildete Strauß aus. Hier wird das Rosaviolett der Sorte 'Maréchal Foch' durch bunte Wicken aufgefrischt, deren lebhaft orangefarbene Vertreter die Erinnerung an frische Mandarinen wecken. Die rosa Rhododendronblüten verleihen dem Ensemble Eleganz, während die prächtigen cremeweißen Pfingstrosen den Hell-Dunkel-Kontrast ausbalancieren. Die kugelförmigen, hübsch gekrausten Ranunkeln setzen pastellfarbene Akzente und knüpfen zwischen den Fliederbüscheln und üppig hervorquellenden Pfingstrosen diskrete Bande mit der zartblütigen Wicke.

Dieser romantische Strauß wurde nicht rund gebunden, sondern ganz zwanglos arrangiert und mutet so wie der reizvolle Ausschnitt eines kleinen Gartens an. Achten Sie darauf, den Flieder außen zu plazieren, damit die Blütenrispen locker über den Vasenrand fallen können.

Praktische Tips Flieder gibt es in zahlreichen Farbvarianten. Wir bevorzugen Rispen in Blaßlila und einem ins Bläuliche gehenden Violett. Unser vierjähriger Fliederbusch 'Katherine Havemeyer' erfüllt den Frühlingsgarten alljährlich mit dem betörenden Duft seiner verschwenderischen blauvioletten Blütenpracht. Flieder in allen Violettnuancen läßt sich mit Rosen der Sorten 'Charles de Gaulle' oder 'Paul Neyron' zu harmonischen hellen Sträußen arrangieren, deren vielfältige Oberflächenstrukturen vom Auge als prächtiger weicher ›Flickenteppich‹ wahrgenommen werden. Dem weißen Flieder fehlt unserer Ansicht nach die betörende Sinnlichkeit seines violetten Verwandten. Zudem färbt er sich mit dem ersten Regenguß rostbraun und sieht dann häßlich aus.

Falls Sie einmal im Frühling in der Normandie sind, werden Sie bei einem Streifzug über den Markt von Honfleur auch blaßgelben Flieder entdecken. 'Primrose' heißt diese Sorte, nach der Sie in Blumenhandlungen vergeblich suchen werden.

Flieder kommt auch ohne jedes Beiwerk wunderbar zur Geltung. Einige Büschel, in einer Bodenvase arrangiert, wirken wie ein üppiger kompakter Fliederstrauch.

Sobald der Winter sich verabschiedet, ist auch Treibhausflieder im Handel erhältlich. Zwar ist er robuster, sein Flor aber längst nicht so duftig und voluminös wie der des Gartenflieders.

Leider hat man an Fliedersträußen nicht sehr lange Freude. Um sie haltbarer zu machen, werden die harten Stielenden mit einem Hammer breitgeklopft (siehe Seite 141).

Füllhorn des Frühlings

Wenn die Natur in der Frühlingssonne vor unseren Augen ein wahres Füllhorn von Blumen ausschüttet, wird der Drang, eine Rose, einen blühenden Kirschzweig oder auch ein paar hübsche Stiefmütterchen mit frechen ›Clownsgesichtern‹ zu pflücken, geradezu unwiderstehlich.

Wer geriete da nicht in Versuchung! Der hier abgebildete Strauß, den das Sonnenlicht sanft umspielt, verkörpert mit seinen harmonisch aufeinander abgestimmten Blumen die ganze Frische eines Frühlingstages. Als da wären: perlmutterfarbene Rosen, blaßrosa Stiefmütterchen, rosa Apfelblüten und roséfarbener Schneeball 'Anne Roussel'. Zwischen den Blüten leuchtet hier und da das Laub von Pfaffenhütchen und Hartriegel. Dezentes zweifarbiges Kreuzkraut setzt graublaue Akzente.

Wenn die ersten Strahlen der Morgensonne sie trifft, sehen Frühlingsblumen am schönsten aus. Das Arrangement in dem niedrigen Weidenkorb wirkt wie ein kleiner Garten.

Um solch kompakte Sträuße zu arrangieren, sollten Sie sich in einem Blumenladen oder Gartencenter künstliche Steckmasse besorgen und auf die gewünschte Größe zurechtschneiden. Danach legen Sie Ihren Steckschwamm ins Wasser (ohne ihn gewaltsam unterzutauchen), so daß er sich vollsaugen kann. Grüne Steckmasse läßt sich nur einmal verwenden und ist so unansehnlich, daß man sie nur für undurchsichtige Blumengefäße verwenden sollte. Als Behältnis für den hier abgebildeten Strauß erschien uns der Weidenkorb mit Zinkeinfassung im Stil Napoleons III. ideal.

Damit die Blumen festen Halt im Schwamm bekommen, werden alle Stiele so weit wie möglich gekürzt und schräg angeschnitten. Niedrige Arrangements dieses Typs sind vor allem für flache, ausladende Blumengefäße mit weiten Öffnungen (z.B. Blumenschalen, Suppenschüsseln) geeignet. Die Rosen werden mit einem scharfen Messer entdornt (siehe Seite 141).

Dann drückt man die Blumen eine nach der anderen in die Steckmasse. Es empfiehlt sich, mit Blattgrün zunächst die Konturen des Arrangements abzustecken. So kann ein hübsch geformter Zweig einem Strauß eine charakteristische Prägung verleihen. Am besten entfaltet sich die Pracht eines solchen Buketts, wenn man es auf einem niedrigen Tisch plaziert, so daß der Blick von oben darauffällt.

Praktische Tips Dieses Arrangement beflügelt die Neugier des Betrachters. Die Blumen wurden bündelweise, jedoch mit unterschiedlich langen Stielen verarbeitet, so daß eine reliefartige Oberfläche entstand. Der Strauß wirkt wie eine Skulptur, die je nach Perspektive unterschiedlich aussieht.

Der Frühling ist die Zeit der weißen und roséfarbenen Blüten. Der weißlackierte Korb im Stil Napoleons III. bringt die hier verwendeten regelrecht zum Schillern.

Tulpen mit Wolfsmilch

Diese Doppelseite: *In dieser Hommage an den Frühling bilden rote und orangefarbene Papageientulpen mit den zitronengelben Blüten der Wolfsmilch einen klangvollen Akkord. Als unumschränkte Herrscherin des Frühlings hat die Tulpe die Gabe, in der Vase weiterzu-*

wachsen. So präsentiert sich ein Tulpenstrauß jeden Tag in neuer Gestalt.

Nichts symbolisiert die Wiederkehr des Frühlings besser als die Tulpe. Ursprünglich türkischer Herkunft, wird sie seit dem 16. Jahrhundert in den Niederlanden in den mannigfaltigsten Farben und Formen kultiviert. Tulpen gibt es in zahlreichen Varietäten, die einander an Schönheit überbieten: in extrem hellen und sehr dunklen Farbschattierungen, einfarbig und mehrfarbig, einfach und gefüllt, mit runden und mit länglichen Blütenblättern, glatten, gefransten oder auch gekrausten Rändern, wie sie beispielsweise die Papageientulpe aufweist. Manche zeigen ein schimmerndes Perlmutterweiß, andere strahlen in sonnigem Gelb oder glühendem Rot.

Von März bis Mai stehen der Tulpe alle Räume des Hauses offen. Neben ihrer guten Haltbarkeit als Schnittblume hat sie noch viele weitere positive Eigenschaften. Während sie kurzstielig bäuerlich-rustikal wirkt, zeigt sie sich langstielig eher elegant. Manchmal muten ihre leise knirschenden Stiele fast künstlich an, tatsächlich ist sie, was Vitalität angeht, unschlagbar: Noch in der Vase wächst sie weiter ...

Ein Tulpenstrauß verändert täglich sein Aussehen und arrangiert sich wie von selbst. Tulpen sind eigenwillige Blumen, die sich keinem fremden Willen unterwerfen. Das Foto rechts zeigt einen Strauß, in dem zwei Sorten Papageientulpen (orangefarbene 'Apricot Parrot' und 'Flaming Parrot' in sattem Pink) mit gelber Wolfsmilch *(Euphorbia cyparissias)* um die Wette leuchten. In der durchsichtigen Vase sehen die bis zum Vasenrand von allen Blättern befreiten Stiele sehr reizvoll aus. Die oberen Blätter dienen der optischen Rhythmisierung.

Praktische Tips Besteht der Strauß ausschließlich aus Tulpen, wird die Vase nur zu einem Drittel mit Wasser gefüllt, damit die Blüten nicht erschlaffen. Danach füllt man nur noch Wasser nach; es wird nicht gewechselt. Werden Tulpen wie bei unserem Vorschlag mit anderen Blumen kombiniert, verteilt man einige Kupfermünzen auf dem Vasenboden, um die Haltbarkeit des Straußes zu erhöhen. Da sich Tulpen nach dem Schnitt noch strecken, kürzt man sie stärker als ihre ›Begleiter‹ und setzt sie außerdem beim Binden tiefer an, damit sie später nicht über den restlichen Strauß hinauswachsen. Die anfänglichen ›Löcher‹ im Strauß verschwinden rasch.

Normalerweise brauchen Tulpen ein bis zwei Tage, um ihre volle Schönheit zu entfalten. Kaufen Sie also den Strauß am besten nicht zu kurzfristig vor der Begrüßung der Gäste.

Die Tulpenvase

Nachdem die Tulpe im 17. Jahrhundert von den Holländern aus der Türkei in den Westen eingeführt worden war, erfand man eine spezielle Vase, um die Schönheit dieser prächtigen Blume voll zur Geltung zu bringen. Die meist pyramidenförmige Tulpenvase, *tulipière* genannt, hat mehrere Öffnungen, die jeweils zwei oder drei Tulpen Platz bieten.

Ob modern oder antik, ob mit oder ohne Blumen – Tulpenvasen sind eine Augenweide. Hier wird das blaue Dekor einer Vase aus chinesischem Porzellan durch kleine elfenbeinfarbene Tulpen hervorgehoben.

Eines Tages kam ein Kunde mit einer *tulipière* aus chinesischem Porzellan zu uns in den Laden und beschrieb uns sein Interieur, dessen Gestaltung offensichtlich von Gemälden Vermeers inspiriert war. Es hat diesen Kunden sicherlich überrascht, daß wir ihm daraufhin zu Tulpen in schlichtem Elfenbeinweiß geraten haben. Wohnungen, die in dunklen Farben gehalten sind, lassen sich durch einige weiße Blumen aufhellen, vorausgesetzt, die Textur der Blüten ist dicht genug, um das eingefangene Licht wieder an die Umgebung abzugeben. Auch das blaue Dekor des chinesischen Porzellans gewinnt vor einem weißen Hintergrund an Tiefe und Lebendigkeit.

Diese kleinen Tulpen mit ihren wunderschönen cremeweißen Blüten bestechen durch perfekte Proportionen. Die Vollkommenheit dieses Arrangements beruht darauf, daß zwischen Blumen und Vase eine perfekte Balance erreicht wurde.

Langstielige Tulpen kommen am besten in hohen, schlanken *tulipières* zur Geltung, die mittlerweile leider nur noch antiquarisch zu erwerben sind. Bei unserem Publikum finden diese altertümlichen Modelle, die uns ab und an bei Trödlern in die Hände fallen, großen Anklang. Im allgemeinen sind Steckhilfen wenig schön, doch die *tulipière* ist gleichzeitig zweckmäßig, raffiniert und elegant. Übrigens verkaufen wir in unserem Laden solche Tulpenvasen in modernen Versionen aus Steingut oder Porzellan, und sie sind wahre Renner!

Praktische Tips Selbstverständlich wirkt die Tulpenvase auch mit anderen Blumen. Geeignet sind alle Sorten, deren Stiele sich während des Aufblühens strecken, z.B. Anemonen 'Mona Lisa', Ranunkeln oder kleine Mohnblumen. Denken Sie daran, den Blumen einen Karenztag zu gönnen, damit sie in aller Ruhe ihre Pracht entfalten können.

Symphonie in Gelb und Rosa

Manchmal erweist sich die Kombination bestimmter Blumen als Glückstreffer. So lassen sich Blumen mit völlig unterschiedlichen Formen, Texturen und Farbtönen zu reizvollen Sträußen arrangieren. Hier haben wir effektvoll pinkfarbene Ranunkeln mit einem Bund gelber Wolfsmilch kombiniert.

Ranunkeln sind wunderschöne Blumen, die in einer großen Bandbreite von Hell bis Dunkel erhältlich sind. Die für unseren Strauß verwendete Sorte 'Victoria' hat relativ große Blüten. Dank der Kultivierung in Gewächshäusern sind Ranunkeln heutzutage nicht erst im Frühjahr, sondern bereits im Winter zu bekommen. Ihr einziger Nachteil besteht darin, daß ihr Stiel oft so weich ist, daß er durch andere Blumen oder Blattgrün gestützt werden muß.

Für diesen runden Strauß (siehe Seite 143) haben wir die Blumen in Bündeln dicht an dicht spontan zusammengefügt. Das unansehnliche Laub wurde entfernt, die Knospen blieben erhalten. Sie verleihen dem Ensemble Leichtigkeit und dienen als Blickfang. Der farbenprächtige Strauß macht sich gut in einer schlichten Glasvase, die das Grün der Stiele hervorhebt und so für einen ruhigen Abschluß sorgt.

Ginster bringt die Sonne ins Haus, weswegen wir ihn so gern in unserem Arbeitszimmer haben.

Praktische Tips Häufig empfiehlt es sich, die Blumen vor der Verarbeitung einige Stunden lang in einen Eimer Wasser zu stellen. Ein Muß ist dies bei allen Arten, deren Stiele für andere Blumen schädlichen Milchsaft absondern. So wurde auch der Wolfsmilch eine zweistündige ›Quarantäne‹ verordnet, bevor wir den Strauß zusammengestellt haben.

Die jugendliche Frische von Frühlingsblumen verführt zu ausgefallenen Kombinationen. Der Effekt dieses Straußes aus pinkfarbenen Ranunkeln und zitronengelber Wolfsmilch wird durch die einfache Glasvase, die das helle Grün der Stiele durchscheinen läßt, noch gesteigert.

Ginster, Kirsche und Weidenruten

Unten: *Echte Blumen und Blumendekor sind hier kaum zu unterscheiden.*

Rechts: *Die frischgeschnittenen Ginsterzweige scheinen Tropfen aus Sonne und Licht zu versprühen. Die graphische Wirkung des Ginsters wird durch die herabhängenden Zweige einer Trauerweide gemildert. Solch üppige Sträuße arrangiert man am besten an Ort und Stelle.*

Im Frühling verwandeln blühende Bäume und Sträucher die Gärten in leuchtende Farbsymphonien. Kein Gang in den Garten, bei dem man nicht ein paar Blütenzweige von einem Apfelbaum, Weißdorn- oder Fliederstrauch für die Wohnung pflücken würde.

Die Auswahl der Zweige ist Geschmackssache, richtet sich jedoch natürlich auch nach den Umständen. Normalerweise machen solche Arrangements aufgrund ihrer Struktur und ihres feinen Blütenflors jedes Beiwerk überflüssig. Für unseren Strauß haben wir jedoch Ginster mit Kirschblüten, Ruten der Trauerweide und dem glänzenden Laub der Traubenkirsche vereint. Setzt der Ginster mit seiner wie Spitze anmutenden Struktur einen starken graphischen Akzent, so ragen die hellgrünen Weidenruten in weiten Bögen in den Raum hinein.

Bevor der Strauß arrangiert wird, müssen die Zweige präpariert werden. Um zu verhindern, daß sich die Kapillaren an den Schnittflächen wieder schließen – was die Wasseraufnahme beeinträchtigen würde und frühzeitiges Welken zur Folge hätte –, sollte man die harten Astenden mit dem Hammer breitklopfen oder an den Schnittflächen vier je mehrere Zentimeter lange vertikale Einschnitte anbringen. Anders als sonstige Frühlingssträuße kommen solche Arrangements aus blühenden Zweigen jedoch nicht in durchsichtige Vasen, sondern in schwere Gefäße z.B. aus Eisen oder glasiertem Ton. Um die eigenwilligen Strukturen optimal zur Geltung zu bringen, empfiehlt sich die Wahl hoher Behältnisse in unauffälligen Farben. Große, hohe Vasen sind für die häufig etwas sperrigen Zweige besonders gut geeignet.

Aus demselben Grund und natürlich auch aus Platzgründen sollte man solche Sträuße direkt da arrangieren, wo sie später stehen werden. So nehmen die äußerst empfindlichen Blüten keinen Schaden, und Sie können den Umfang des Straußes im Zuge seiner Entstehung ständig den räumlichen Gegebenheiten entsprechend korrigieren.

Da die Zweige recht schwer und widerspenstig sind, benötigen sie eine Steckhilfe. Neben den herkömmlichen, im Fachhandel erhältlichen Steckhilfen lassen sich auch selbstgefertigte verwenden. Beispielsweise kann man die Vase mit zerknülltem Maschendraht ausstopfen und diesen eventuell mit Flußkieseln fixieren. Anschließend werden die Äste einzeln eingesteckt. Man beginnt mit den starrsten, z.B. den Kirschzweigen. Den Abschluß bilden die biegsamen Weidenruten, die Bewegung in den Strauß bringen.

Praktische Tips Wählen Sie vorzugsweise Zweige mit Knospen, werden Sie sich an den kurzlebigen Blüten länger erfreuen können. Außerdem sind die aufbrechenden Knospen von Spierstrauch, Mandelbaum oder Kirsche ungemein dekorativ.

Blumen in Szene setzen

Daß wir Blumen gern ›bühnenreif‹ in Szene setzen, ist kein Geheimnis. Sei es, daß sie den Raum beherrschen, sei es, daß sie diskret im Hintergrund bleiben – Hauptsache, sie reizen die Neugier und ziehen die Aufmerksamkeit auf sich. Dank unserer phantasievollen Schaufenstergestaltungen haben wir uns einen treuen Kundenstamm erobern können, der unsere Hilfe nur zu gern in Anspruch nimmt, wenn ein Interieur für ein Abendessen im kleinen Kreis oder einen Empfang festlich hergerichtet werden soll. Bei derartigen Dekorationen, die nur einen Abend zu überdauern haben, sollten die Blumen mit den Möbeln und anderen Gegenständen eine unauflösliche Einheit bilden.

An dem hier abgebildeten Interieur haben uns vor allem das abblätternde Holz und die unverputzte Wand fasziniert. Den optischen Mittelpunkt bildet eine Medicivase aus flaschengrün glasierter Keramik, die sich farblich vom umgebenden Raum abhebt. Spontan kam uns die Idee, einen Strauß aus erquickend frischen Zweigen zusammenzustellen, die sich bis zur Decke recken.

Ein solches Arrangement aus blühenden Birnbaumzweigen kommt auch in einem modernen Interieur gut zur Geltung. Herabrieselnde Blüten bilden nach und nach ein japanisch anmutendes Muster auf dem Boden.

Im Frühling hat man eine geradezu unerschöpfliche Auswahl an blühenden Zweigen. Flieder, Schneeball, goldgelbe Forsythien, die anmutigen Blüten von Kirsche, Pflaume und Mandelbaum, Apfel und Japanischer Quitte, die sich gleich nach den letzten Frösten entfalten – welch reiche Farbpalette und welch betörende Düfte sie uns doch bieten! Hier haben wir uns vom bizarren Wuchs, den zarten Blüten und den perfekt proportionierten hellgrünen Staubblättern der Birne verführen lassen.

Praktische Tips Jeder Zweig wird einzeln in die Vase gesteckt. Bei Vasen mit weiten Öffnungen müssen längere, starre Zweige aus Gleichgewichtsgründen im hinteren Bereich angeordnet werden und dürfen nicht allzu tief eingestellt werden. Biegsame, kürzere Zweige werden in den Seitenbereichen und vorn plaziert. Sie lassen den Strauß voller und beschwingter erscheinen.

Früher stellte man Medicivasen und die etwas flacheren Chambordvasen, mit einjährigen Pflanzen gefüllt, in den Garten oder als Blickfang neben Portale. Das Bodenloch sorgte für den Abfluß des überschüssigen Wassers. Möchte man diese Vasen in Innenräumen verwenden, müssen sie einen wasserdichten Untersatz erhalten oder – wie in unserem Beispiel – mit wassergetränkter Steckmasse versehen werden.

Gedrungene, schwere Gefäße eignen sich auch gut für niedrige, extrem kompakte Arrangements. Hier komplettiert ein ›Deckel‹ aus Schneeball und Ranunkeln das imposante Gefäß, ohne ihm die Schau zu stehlen. Das herb-frische Grün der gerade aufbrechenden Schneeballblüten bringt die Orange- und Pinktöne der Ranunkeln zum Leuchten.

Reines Weiß

In Glasvasen kommen nicht nur die Blüten, sondern auch die elegant geschwungenen Stiele von Tulpen hervorragend zur Geltung.

Wer Blumen liebt, dem wird sich früher oder später auch die Schönheit weiß blühender Arten erschließen. Während die ›Unfarbe‹ Weiß im Altertum für Keuschheit und Unschuld stand, gilt sie heute in den orientalischen und asiatischen Ländern als Farbe der Trauer. Die christliche Kirche hat Weiß hingegen zum Symbol festlicher Höhepunkte im Leben der Gläubigen – Taufe, Kommunion bzw. Konfirmation und Hochzeit – erhoben.

Wer genauer hinsieht, wird rasch feststellen, daß kein Weiß mit dem anderen genau identisch ist. Mal tendiert Weiß zu Bernsteingelb, mal wirkt es durchscheinend und irisierend wie eine flüchtige Luftspiegelung. Das feierliche, reine Weiß offenbart sich in der ätherischen Anmut eines Schmuckkörbchens, der appetitlichen Frische einer Kamelie oder in den wachsartigen Blüten der Orchidee. Wie magisch saugt sich der Blick an den makellos weißen Blüten fest.

Ein reinweißer Strauß symbolisiert strahlende, jugendliche Eleganz. Für unser Bukett haben wir weiße Teerosen mit einem Stich ins Grüne, cremeweiße Pfingstrosen und einige weißlichgelbe Duftwicken verwendet. Dazu gesellen sich die mit winzig kleinen, sternförmigen Blüten besetzten Zweige des Spierstrauchs und die schneeweißen Blütenbälle gefüllter Tulpen. Die Buchsbaumzweige betonen die verschiedenen Weißnuancen und sorgen für Abwechslung.

Alle Blätter im unteren Stielbereich wurden abgestreift und die Rosen von Dornen befreit. Um den Strauß wie rechts abgebildet rund zu binden, legt man die Stiele jeweils über Kreuz übereinander und dreht das Bukett in der Hand immer weiter (siehe Seite 143).

Die Verwendung einer kelchförmigen Vase aus Glas steigert die transparente Wirkung des Straußes, der das Licht wie ein Spiegel zu reflektieren scheint. Die enge Vasenöffnung gibt den Blumen Halt, während die Höhe der Vase perfekt mit den Proportionen des fülligen Arrangements harmoniert. Dieser weiße Strauß paßt sich farblich jeder Umgebung an. Je heller er steht, desto intensiver leuchten die Blüten.

Praktische Tips Kelchförmige Vasen eignen sich insbesondere für rankende Pflanzen, deren Triebe – wie hier des Spierstrauchs – locker über den Rand fallen sollen. Auf diese Weise bringt man Bewegung ins Spiel.

Während der Sommer uns eher zu bunten Arrangements inspiriert, verlockt uns der Frühling zu Buketts in zarten Farben. In der schimmernden, facettenreichen Textur eines weißen Blumenstraußes spiegelt sich das klare Licht des Frühlings höchst effektvoll wider.

Es lebe das Brautpaar!

Was wäre eine Hochzeitszeremonie ohne Blumenschmuck! Ein Meer aus Blüten begleitet das Paar und verkörpert den innigen Wunsch nach Gemeinschaft. So gemahnt die reine Frische der Blumen an diesem besonderen Tag an das gegenseitige Treueversprechen der Ehepartner.

In unserem Beispiel hatte sich das Paar für schlichten weißen Blumenschmuck in der Kirche entschieden, und so lag die Wahl von Schleierkraut denkbar nahe: Es ist vollkommen anspruchslos, da es kein Wasser braucht, es ist luftig und leicht und läßt sich in jede Form bringen. So wurden der Altar, die Lüster und sämtliche Bänke zum Mittelgang hin passend zum Brautkleid mit Bunden von blendendweißem Schleierkraut geschmückt. Künstliche Falter aus blaugefärbten Federn und Tüllschleifen unterstrichen seinen ätherischen Charakter. Ein Luftzug, und der ganze Chor war mit Frühlingsgrüßen erfüllt!

Für die Tafel dieser ländlichen Hochzeit (siehe Foto auf der folgenden Seite) war verschwenderische Fülle angestrebt. Die über die volle Länge des Tisches reichende Girlande aus hellrosa Pfingstrosen und Wicken, blaßgelben Rosen und den winzigen Trugdolden des Frauenmantels mit ihren zierlichen Blüten knüpft zwischen den Hochzeitsgästen ein delikat duftendes Band.

Die Moirésatinbänder, die unter den Blüten zum Vorschein kommen, verstärken den grazilen Gesamteindruck. Die Blumen wurden in wassergetränkte Steckmasse gedrückt. Wir empfehlen, solche Gebinde fertig vorbereitet an den Tisch zu bringen und dort alle Verbindungsstellen sorgfältig unter Blüten und Blattwerk zu verbergen. Das wird am besten einen Tag vor der Hochzeit erledigt, damit sich die Blüten über Nacht in aller Ruhe entfalten können. Damit die Dekoration gelingt, sollte man drei goldene Regeln beachten: Der Blütenschmuck darf weder zu hoch noch zu ausladend sein, und er sollte nicht allzustark duften!

Unter anderen Umständen, in einem herkömmlichen Rahmen, hätten wir vielleicht für eine weniger auffällige Farbkombination plädiert, aber dieser Gasthof in der Normandie erschien uns für die etwas gewagte Melange geradezu ideal. Deshalb haben wir Blüten in kräftigen Rosé- und dunkleren Lilatönen sowie goldgelben Nuancen gewählt.

Doch ein Brautstrauß hat nicht nur dem Gebot der Schönheit zu gehorchen. Da er gewissermaßen das I-Tüpfelchen auf dem Brautkleid darstellt, muß er auch zweckmäßig sein. Ist der Strauß zu schwer, wird er zur Last, ist er zu lang, schränkt er die Braut in ihrer Bewegungsfreiheit ein, und Blütenpollen auf einem

Diese Doppelseite: *Schleierkraut ist vollkommen anspruchslos, es braucht nicht einmal Wasser. Hier schmückt es den Mittelgang*

und die Lüster der Kirche, so daß der Weg zum Altar durch eine ›Blumenallee‹ führt.

Diese Seite: *Hochzeitstafeln dekorieren wir in der Regel mit einer Mischung aus pastellfarbenen und kräftig gefärbten Blüten. Diese wunderschöne Girlande, die von einem Ende der Tafel bis zum anderen reicht, verbindet auf symbolische Weise das Brautpaar mit seinen Gästen.*

Traum aus Organdy, Seide oder Spitze hätten katastrophale Folgen. Daher wählen wir für Brautsträuße gewissermaßen saubere Blumen und binden sie zu runden, kompakten Sträußen. Kleine Teerosen, blaßgelber Frauenmantel, lebhaft wirkende weiße Wicken, geflecktes Pfaffenhütchen und die zarten Dolden elfenbeinweißer Seidenpflanzen z.B. ergeben, wie auf der großen Abbildung rechts zu sehen, ein Bukett, dessen filigrane Wirkung von zwei zarten, transparenten Bändern unterstützt wird. Je vier oder fünf Rosen werden gebündelt und mit den übrigen Pflanzen zu einem klassischen runden Strauß (siehe Seite 143) vereint, der die schimmernden, duftigen Blüten hervorhebt. Wenn man die Stiele von Blättern und Dornen befreit hat, verschnürt man das Bukett fest mit Bast oder Bindfaden, damit es sich besser in der Hand halten läßt. Der Faden wird unter einem Seidenband versteckt, das lediglich dekorativen Zwecken dient.

Dieser Strauß, der hier vorübergehend der Obhut einer Putte übergeben wurde, sollte nach der Hochzeit getrocknet werden. Dafür wurde er zweieinhalb Wochen lang kopfüber an einem trockenen, mäßig warmen Ort aufgehängt. Wie eine unvergängliche Reliquie wird er nun immer wieder die Erinnerung an den so glanzvollen wie ermüdenden Tag der Hochzeit heraufbeschwören, auch wenn die Farben durch das Trocknen ein wenig verblichen sind.

Praktische Tips Für Brautsträuße wird häufig die Reinheit symbolisierende Lilie verwendet. Wählt man sie, müssen vorher ihre Staubblätter entfernt werden, weil die orangefarbenen Pollen unschöne Spuren auf dem Brautkleid hinterlassen würden.

Rechts: *Ein Brautstrauß hat sowohl praktischen wie ästhetischen Ansprüchen zu genügen. Nicht zu groß und nicht zu schwer darf er sein, und die Blüten sollten keinen Blütenstaub verlieren. Wenn der große Tag vorbei ist, wird der Strauß zum Trocknen aufgehängt.*

Sommer

Oben: *Glyzinien ranken sich an Wänden empor und verströmen einen verführerischen Honigduft. Wer geriete da nicht in Versuchung, heimlich ein paar Rispen zu pflücken!*

Links: *In dieser Vase, die wir bei einem Trödler in Antibes aufgestöbert haben, leuchten Rosen, Phlox, Johanniskraut, Klematis und Fünffaden um die Wette.*

Obwohl der Sommer in unseren gemäßigten Breiten meist kein sehr langes Gastspiel gibt, ist er es, der die Choreographie des jährlichen Reigens von Frühling, Herbst und Winter bestimmt. Wen wundert's? Im Sommer bringt die Sonne die Erde zum Glühen, die Tage werden länger, und die Natur scheint die Erfüllung all unserer Wünsche zu versprechen. Als bliebe die Zeit stehen, läßt sich der Tagesablauf nun in aller Ruhe gestalten. Von Sonnenaufgang bis Sonnenuntergang bietet uns die Natur ihr prächtiges und immer wieder sehenswertes Schauspiel.

Die Gartenblumen – eine schöner als die andere – verströmen betörende Düfte. Bezaubernde Glyzinien, romantische Skabiosen, Rosen in allen Variationen, leuchtende Zinnien, vorwitzige Kapuzinerkresse, tiefblaue Lupinen und Rittersporn, Duftwicken und Lavendel lassen sich mit bordeauxroter Schafgarbe, üppigem Phlox, rankender Klematis und graziler Akelei zu spektakulären Sträußen arrangieren.

Der Reichtum dieser Jahreszeit drückt sich in einer unendlichen Formenvielfalt und einer Fülle intensiver Farben aus, deren Palette sich seit dem Frühjahr sehr erweitert hat. Zwischen prachtvollen Rosen, stacheligen Disteln und duftigem Schwarzkümmel lugen die Trauben des Rittersporns oder des Löwenmauls hervor. Die

Fülle verlockt zu den kühnsten und kontrastreichsten Arrangements aus Blumen unterschiedlichster Formen und Farben.

Tiefgrünes Blattgrün wird bei Sommersträußen recht sparsam verwendet, um die Wirkung bestimmter Farbtöne zu steigern und schlichten Sträußen mehr Fülle zu verleihen. Außerdem sind die gefleckten Blätter der Funkie, des Hartriegels oder des Japanischen Spindelstrauchs (Euonymus japonicus) *und das bläulichgraue Laub einiger Weidenarten, das in voluminösen, kompakten Sträußen so anmutig wirkt, eigentlich viel zu schön, als daß man sie außer acht lassen könnte. Im Gegensatz zu den eher transparent wirkenden Frühlingsblumen wartet die Sommerflora mit dicht und reich texturierten schweren Blüten und Blättern auf, auf die das Licht faszinierende Schattenspiele projiziert. Alle Fenster stehen offen, so daß die Grenzen zwischen Innen und Außen ins Fließen geraten. Da kann es schon einmal vorkommen, daß sich eine Biene ins Haus verirrt, weil sie einen opulenten Blumenstrauß mit dem Garten verwechselt hat.*

Oben: *Hier wurden Skabiosen und Seidenblumen mit blühender Möhre, Hafer und Efeu zu einem frischen Strauß in Weiß- und Grüntönen arrangiert.*

Rechts: *Julien Green hat einmal geschrieben, daß Pflanzen verrotten, Rosen aber sterben. Diese Rosen 'Pierre de Ronsard' sind an ihrem sonnigen Fensterplatz gerade zu voller Schönheit erblüht.*

Den Frühling assoziiert man mit Klarheit und Frische – und wählt entsprechend geformte Vasen. Im Sommer wird die Natur in zweckentfremdeten Utensilien in Szene gesetzt, z.B. in Blechdosen, buntbemalten Krügen, Tongefäßen, einer Milchkanne oder einer alten Gießkanne aus Zink.

Den Frühling haben wir mit einem Frühstück im Bett eingeläutet, im Hochsommer drängt es uns ins Freie. Wir treffen uns zum Mittagessen unter der Linde. Rosen und Pfirsiche schmücken den Tisch.

So reiht sich ein Tag an den anderen, und für einen Augenblick geben wir uns der Illusion hin, daß der Sommer ewig dauert. Wer für die Winterzeit vorsorgen will, schöpft mit vollen Händen, was das Füllhorn der Natur bietet. Jetzt gilt es, die Fülle der lichten, warmen Tage in stimmungsvollen Trockensträußen und Kugeln aus Trockenblumen einzufangen. Wir brauchen nur die Augen zu öffnen: In seiner Vielfalt an Blumen, Farben und Düften zeigt sich der Sommer von seiner besten Seite.

Rustikale Zinnien

Wenn Blumen, wie wir meinen, unser Befinden beeinflussen, könnte man sagen, daß uns die Zinnie fröhlich und beschwingt macht. Ein Strauß Zinnien, welcher Sorte auch immer, entwickelt eine Pracht, die man sich auf der Zunge zergehen lassen muß wie eine Leckerei. Die Heiterkeit der Zinnie mit ihren herben Farben, die an Sommerfrüchte erinnern, ist selbst an verregneten Tagen noch ansteckend. Leuchtendes Rot, reines Gelb, helles Rosa mit einem Stich ins Violette oder sattes, glühendes Orange – die Farbpalette dieser robusten Blume inspiriert die Maler, und ihre Blüten hellen selbst die dunkelsten Ecken auf. Zinnien sind übrigens völlig anspruchslos und sehen hinreißend aus, wenn sie ihre auf fleischigen Stielen sitzenden Blütenköpfe zwischen Bohnen und Salatreihen himmelwärts recken.

Für den hier abgebildeten Zinnienstrauß haben wir die Blumen gepflückt, als die Sonne noch nicht allzuhoch am Himmel stand, und sie in eine improvisierte Vase mit schöner Patina gestellt. Zuvor wurden die unteren Blätter bis in Höhe des Vasenrands entfernt. Das verbliebene Grün steigert die Leuchtkraft der Blüten und den Effekt der drolligen, wie winzige Fäuste wirkenden Knospen, die aussehen, als würden sie jeden Moment aufspringen. Das alte Marmeladengefäß schien uns als Vase besonders gut geeignet zu sein, weil die goldene Aufschrift so schön mit den Farben der Zinnien harmoniert.

Praktische Tips Um an einem solchen Zinnienstrauß, der an ein fauvistisches Gemälde erinnert, lange Freude zu haben, braucht man lediglich regelmäßig Wasser aufzufüllen.

Hier wird mit wenig Aufwand große Wirkung erzielt: Die Zinnien in sattem Rot, Gelb, Purpur und Orange lassen den alten Marmeladentopf in neuem Glanz erstrahlen.

Kapuzinerkresse

Kapuzinerkresse, *die* Gartenblume schlechthin, hat die Gabe, Hecken, Mauern und mickrige Büsche in leuchtende, anmutige Blütenkaskaden zu verwandeln. Ihre großen runden Blätter dienen den Kindern beim Spielen als Teller, und wenn die Kleinen den frischen, pfeffrigen Geschmack der Blüten entdeckten, würden sie sich gewiß die tollsten Rezepte ausdenken! Ursprünglich in Peru beheimatet, blüht die Kapuzinerkresse in allen Nuancen von Gelb und Orange. Neuere Varietäten bringen blutrote Blüten hervor, die sich in dichten Teppichen über Rabatten ziehen. Kapuzinerkresse erinnert an Sonnen, deren glühender Ball in viele tausend kleine Sonnen explodiert. Die bizarr geformten Ranken sind extrem brüchig, aber von verblüffender Wuchskraft. Stellt man sie in die Vase, entfaltet die Kapuzinerkresse ihre Leuchtkraft am besten vor einem tiefblauen Hintergrund. Für unser Foto (siehe folgende Doppelseite) wurden mehrere Ranken in verschieden geformten marineblauen Steingutvasen vor einer indigoblauen Wand arrangiert. Ihr natürlichbewegter Habitus aber läßt die Kapuzinerkresse in jeder Vase zu einem Kleinod werden.

Herb wie eine Frucht und leicht wie ein Schmetterling, wirkt diese Blume wie eine Laune der Natur – als sei sie sich nicht ganz sicher gewesen, für welche Lebensform sie sich habe entscheiden sollen. In einem sommerlich hergerichteten Raum wird sie mit Sicherheit alle Blicke auf sich ziehen.

Praktische Tips Die leuchtenden Blüten der Kapuzinerkresse heben sich besonders gut gegen dunkelgrünen Efeu ab. Ganz entzückend sind kleine runde Sträuße (siehe Seite 143), die nach dem Binden eine Manschette aus Efeu erhalten.

Warum nicht einmal improvisieren? Hier wurden die Blüten von Kapuzinerkresse und Studentenblumen willkürlich auf dem farbigen Tischtuch verteilt. Je leuchtender die Farben, desto größer der Effekt.

Zwei bis drei kleine Sträuße – das ist alles, was Sie benötigen, um den Blick auf ein Arrangement von Vasen und Kannen aus glasiertem Steingut zu lenken. Eine Handvoll Kapuzinerkresse aus dem Garten bringt es hervorragend zur Geltung.

Ein Meer aus Grün

Monochrome Buketts wirken auf die betrachtende Person oft wie Oasen der Ruhe. Dieser grüne Strauß ist deshalb so wirkungsvoll, weil seine Strukturen beim Einfall von Sonnenlicht reliefartig hervortreten. Die Natur bringt jede Farbe in so zahlreichen Nuancen hervor, daß allein davon unsere Lust am Experimentieren angestachelt wird.

Für unser Arrangement haben wir Pflanzen in den unterschiedlichsten Grüntönen vereint: Die gelbgrünen Muschelblumen setzen helle Tupfer zwischen blaugrünen Lauchsamen, Mohnkapseln und rötlichgraues Federborstengras.

Eine Zeitlang galt Grün als die Farbe des Schicksals, die Glück und Unglück zugleich symbolisiert. Im Mittelalter deutete man Gelbgrün als Zeichen tiefster Hoffnungslosigkeit; heute steht diese Farbe für Hoffnung und Neubeginn. Wie dieser Strauß, der mit seiner überschäumenden Fülle der Vergänglichkeit zu trotzen scheint.

Beginnend mit Muschelblumen und Federborstengras, die das Gerüst des Buketts bilden, wurden Blumen und Gräser mit unterschiedlichen Texturen und Volumen dicht an dicht in einen Steckschwamm gedrückt.

Ab und zu kommt es vor, daß man von einer speziellen Vase zu einem bestimmten Strauß inspiriert wird. Aus diesem englischen Wasserfilter aus Steingut schießt das Grün wie eine Fontäne hervor, die ihren feinen silbrigen Regen in alle Richtungen sprüht.

Der Eindruck schäumenden Wassers wird durch den transparenten Glanz der Muschelblume, der ›Glocken von Irland‹, verstärkt. Ihre ungewöhnlichen Blüten verbreiten den zarten Duft von Vetiver und steigern das Spiel von Licht und Schatten. Ein Strauß, der lange Zeit Licht in den dunkelsten Winkel des Hauses bringt!

Praktische Tips Originelle Blumenvasen haben häufig den Nachteil, daß sie nicht wasserdicht sind. Um Abhilfe zu schaffen, stellt man ein dichtes Behältnis, z.B. ein Eimerchen mit Steckmasse, hinein. Die Steckmasse sollte immer feucht sein.

Diese Doppelseite: *In diesem üppigen, in allerlei Grüntönen changierenden Strauß blitzen die Früchte von Zierlauch und Mohn zwischen den Ähren des Federborstengrases und den Blüten von Muschelblumen hervor, die das Sonnenlicht in ihren auffallend hellen Glocken zu konzentrieren scheinen. Fast sieht es so aus, als schieße eine Fontäne aus dem Gefäß.*

2
IMPROVED FILTER
MANUFACTURED BY
CAMDEN TOWN

Rosen und Wildgräser

Die Rose ist gewissermaßen die Seele des Gartens. Wer dafür eine Bestätigung sucht, braucht nur in seinen Erinnerungen zu graben. Doch der Frage, weshalb wir Rosen so sehr lieben, ist mit rationalen Argumenten nicht beizukommen. Nur wenige Menschen jedenfalls können sich ihrer Schönheit verschließen.

Dieser Strauß, den wir von einem Spaziergang mitgebracht haben, vereint Rosen aus dem Garten mit Wildgras vom Wegesrand zu einer subtilen Duftmelange. Da die Rosen willkürlich ausgewählt wurden, sind sie entsprechend bunt: Ihre Farbpalette reicht vom Aprikosengelb der Sorte 'Ambiance' über das helle Rosé der 'Pierre de Ronsard' bis hin zum tiefen Rot der 'Crimson Glory' und dem Karminrot der Blüten eines bis heute undefinierbaren Rosenstrauchs, den wir mitsamt dem Grundstück erworben haben. Wildgras, das wir von einem Feld in der Nähe gepflückt haben, setzt gelbgrüne Akzente.

Die Rosenstiele wurden gesäubert, von den Dornen befreit und zur Verbesserung der Wasseraufnahme schräg angeschnitten. Eine mit Maschendraht abgedeckte Zinkwanne dient als Vase.

Dieses kompakte Arrangement ist von oben betrachtet ebenso wirkungsvoll wie von der Seite und sollte deshalb als Blickfang auf einem niedrigen Tisch plaziert werden.

Diese Doppelseite: *Für außergewöhnliche Arrangements und gewagte Kontraste können wir uns immer wieder begeistern. Dieser flache Strauß aus edlen Rosen, der ›Seele‹ eines jeden Gartens, und rustikalen Weizenähren ist ein Sinnbild für die überschäumende Fülle des Sommers.*

Praktische Tips Einige Rosensorten zeichnen sich durch besonders reizvoll geformtes und dekorativ gefärbtes Laub aus ('Nevada' z.B. durch schönes hellgrünes, die meisten Varietäten der Sorten 'Rugosa' und 'Rosa webbiana' durch edles blaugraues Laub). Beim Kürzen der Stiele kappt man auch belaubte Seitentriebe, mit denen sich die Lücken zwischen den Blüten füllen lassen. Arrangiert man die Rosen zudem unregelmäßig und bezieht sowohl gerade im Aufblühen begriffene als auch vollerblühte mit ein, erhält das Bukett einen ausgesprochen natürlichen Charakter.

Sind die Rosen bereits etwas schlaff, werden die Stiele für zwei Minuten in kochendes Wasser getaucht (wobei die Blüten vor dem Wasserdampf geschützt werden müssen) und anschließend kalt abgeschreckt. Dieses Wechselbad verhindert die Bildung von Luftblasen, die das Aufsteigen des Gießwassers behindern würden.

Drei Vasen in derselben Farbe

Im Sommer bietet sich die einmalige Gelegenheit, alle möglichen Gefäße mit Gartenblumen zu füllen. Die breite Farbpalette der Natur inspiriert zu den unterschiedlichsten Zusammenstellungen.

Heiterkeit, Klarheit und Ruhe strahlt dieses prächtige Stilleben aus, das durch seine leuchtenden Farben und puristisch anmutenden Formen besticht.

Zunächst fällt das Auge auf die rosafarbenen Nelken in einem perlenbesetzten Topf, dann auf die staubgelbe Schafgarbe und schließlich auf die blaugrauen Disteln. Die Intensität der Farbkontraste wird durch die einheitlich blauen, trichterförmigen Blumenvasen gedämpft.

Der Anblick dieser Komposition stimuliert die Phantasie. Das Blau erinnert an die Wärme des Himmels und die zugleich belebende und beruhigende Wirkung des Wassers, weswegen das Badezimmer für ein solch farbintensives Arrangement die beste Bühne abgibt. Es wäre aber auch in einer Diele oder in der Ecke eines Durchgangszimmers gut aufgehoben.

Praktische Tips Alle Stiele werden vollständig entlaubt und schräg angeschnitten, um die Wasseraufnahme zu verbessern.

Im Frühling läßt sich ein ähnliches Arrangement aus blühenden Zwiebelpflanzen in schlichten Marmeladegläsern zusammenstellen: Beispielsweise wirken zartblaue Traubenhyazinthen zusammen mit kleinen, knallroten Tulpen und leuchtendgelben wilden Narzissen besonders schön. Das Binden solch kleiner Sträuße wird auch Kindern leicht gelingen.

Ein Korb voller Blumen

Schafgarbe kommt in unseren Breiten in zahlreichen Arten vor. Das Charakteristikum dieser winterharten Staude sind ihre kompakten Blütenkörbchen. Da sie den Garten im Nu überwuchert hat, muß sie alle zwei bis drei Jahre geteilt werden.

Der etwas matte Glanz dieses Korbes wurde durch einen Strauß aus Bündeln von altrosa Schafgarbe aufgefrischt. Der Farbton beschwört den Charme eines alten Hauses herauf, in dem die Zeit stehengeblieben zu sein scheint. Nach dem Kürzen wurden die Blumen dicht an dicht in Kuppelform arrangiert, so daß man den Eindruck hat, der Korb werde von einem Kissen gekrönt. Für den nötigen Halt sorgt eine darin verborgene Glasvase. Schafgarbe braucht viel Wasser. Selbst wenn ein Bukett später nicht getrocknet werden soll, müssen die Stiele von sämtlichen Blättern befreit werden, damit sie im Wasser nicht anfangen, zu faulen und die Luft zu verpesten.

Stellt man einen ähnlich arrangierten Strauß aus gelber Schafgarbe in eine passende Umgebung, wird er alle Blicke auf sich ziehen. Denn es ist, als schaue man auf eine langsam verglühende Sonne.

Praktische Tips Ein solcher Strauß fühlt sich im Flur genauso wohl wie in jedem anderen Durchgangsraum. Für Schlaf- und Wohnzimmer ist die stark duftende Schafgarbe nicht geeignet.

Hat man die Stengel sorgfältig von allen Blättern befreit, läßt sich ein Schafgarbenstrauß auf einfache und schonende Weise trocknen, indem man kein Wasser mehr nachgießt. Auf diese Weise konserviert, wird er einem noch mitten im Winter die Glut des Hochsommers ins Gedächtnis rufen. Schafgarbe welkt nicht und verliert auch durch das Trocknen nicht die Farbe.

Ein solch kompakter Strauß aus Schafgarbe trotzt dem Zahn der Zeit. Getrocknet und in einem Weidenkorb arrangiert, können ihm weder Herbststürme noch der erste Frost etwas anhaben.

Nach dem Regen

Dieser improvisierte Strauß besteht aus Blumen, die wir nach einem Gewitter im Garten aufgesammelt haben.

Die hübsche blaue Wedgwood-Milchkanne harmoniert mit den überwiegend rosavioletten Blumen.

Ein nahendes Unwetter bereitet Gartenfreunden meist Unbehagen. Ein kräftiger Guß, und schon sind empfindliche Blumen umgeknickt; nur hier und da hat eine Glockenblume oder eine Rose dem Unwetter standgehalten. Doch selbst die größte Katastrophe hat noch ihr Gutes: Dies ist die Stunde der Vasen! Aus den hintersten Ecken werden sie ans Tageslicht geholt, um die Reste der Blumenpracht aus dem Garten aufzunehmen.

Für unseren Strauß haben wir weiße, rosa und violett blühende Blumen in einem blauen Wedgwood-Milchtopf arrangiert. Nun, da die Sonne wieder durch die Wolken bricht, sind die rosa Skabiosen und die graublauen, stacheligen Disteln in Licht gebadet. Violette *Brodiaea*, deren trompetenförmige Blüten an Herbstzeitlose erinnern, und duftigweiße Kamille runden das Bild ab.

Als Zufallsprodukt einer kreativen Resteverwertung formt sich ein heiterer kleiner Strauß wie dieser, der einen ganz eigenen Charme entfaltet, wie von selbst. Die Blumen werden völlig willkürlich arrangiert. Sobald sie sich von dem Regenguß erholt haben, werden sie im Gästezimmer oder auch vor einer strohgelb gestrichenen Küchenwand aufgestellt.

Übrigens lassen sich auch frisch gebliebene Blumen aus halbverblühten Sträußen so auf ansprechende Weise neu arrangieren.

Duftwicken

Die hauchzarten, schmetterlingähnlichen Blüten der eleganten Wicke haben einen eigentümlichen Reiz. Der duftige Flor baumelt an blattlosen, unauffälligen Stengeln. Wicken gibt es in vielen zarten Farben: in blassem Gelb, Rosé, Elfenbeinweiß, in feinen Rottönen und mehr oder weniger intensivem Violett, das sich im Sonnenlicht aber rasch aufhellt.

Das anfänglich so frische Pigment wird nach und nach herausgewaschen, so daß die Wicken, sich unaufhaltsam selbst verzehrend und immer blasser werdend, allmählich in ätherischer Anmut verblühen. Und als wäre dies nicht genug, um die Herzen von Blumenfreunden höher schlagen zu lassen, verströmen die Blüten darüber hinaus einen köstlichen zarten Duft von Honig, Rosen und Flieder, in dem sich sämtliche Wohlgerüche des Gartens vereinen.

Duftwicken verleihen jedem Strauß eine charakteristische Leichtigkeit. Am allerbesten kommen sie jedoch für sich allein zur Geltung. Tüftelt man die Farbzusammenstellung entsprechend aus, kann ein Wickenstrauß sehr elegant wirken. Wir haben hier die Blumen allerdings nach dem Zufallsprinzip in der Vase arrangiert.

Praktische Tips Bei der Zusammenstellung eines Wickenstraußes sollte man – nicht nur aus optischen Gründen – auf zusätzliches Blattgrün verzichten. Es würde zudem die empfindlichen Blüten beschädigen.

Duftige, leicht gekrauste Wickenblüten wie die hier abgebildeten erinnern an Seide.

Sommer für Sommer erfüllen bunte, zwanglos arrangierte Sträuße aus Duftwicken das ganze Haus mit einem Strahlen. Die enge Öffnung des dottergelben Kruges bietet ihren dünnen Stielen Halt.

Ein blauer Strauß

Weiß und Goldgelb setzen lichte Akzente im Haus, während mit Hilfe von blauen Tönen schattige Oasen entstehen. Blau gilt als kalte Farbe, die in China Unsterblichkeit symbolisiert und im Westen spontan mit dem männlichen Element assoziiert wird. Einen Strauß ausschließlich aus blauen Blumen zusammenzustellen ist einerseits gewagt, andererseits sehr reizvoll. Vor allem die vielen verschiedenen Farbnuancen werden sofort ins Auge fallen.

Für den hier abgebildeten Strauß wurden schiefergrau schimmernde Disteln mit hellblauem *Agapanthus* und himmelblauem, ultramarinblauem sowie hellviolettem Rittersporn zu einem prächtigen Strauß vereint.

Mit solch langstieligen Sommerblumen lassen sich abwechslungsreiche Sträuße mit Betonung der Vertikale gestalten. Die ovale, hohe Vase, deren glatte Oberfläche das Licht reflektiert, unterstreicht diesen Eindruck. Mit ihrer engen Öffnung gibt sie den Blumen zudem den nötigen Halt. Da die hier gewählten ausgesprochen ›durstig‹ sind, achte man darauf, regelmäßig Wasser nachzufüllen. Damit diese Symphonie in Blau zur Augenweide wird, sollte man beim Arrangieren der Blumen vor allem der Feinabstimmung der Blautöne seine Aufmerksamkeit zuwenden.

Merkwürdigerweise ist die Natur nicht eben verschwenderisch mit der Farbe Blau gesegnet. Ehrenpreis, Lupinen, Schwarzkümmel, Eisenhut – insgesamt gibt es nicht einmal ein Dutzend blaublühende Arten; keine Dahlie, keine Rose, die ultramarin- oder indigoblaue Blüten hervorbrächte! Im Herbst ist es mit den blauen Blumen ohnehin schon wieder vorbei, doch im Sommer setzen sie in jedem Garten frische Farbakzente, denn Blau bringt Weiß, Gelb, Orange und einige Grüntöne regelrecht zum Vibrieren.

Praktische Tips Um seine harmonische Gesamtwirkung, nicht jedoch die einzelnen Blautöne hervorzuheben, sollte man einen blauen Strauß in die Nähe einer künstlichen oder natürlichen Lichtquelle stellen.

Diese Doppelseite: *Ein Traum in Blau ist dieser prächtige Ritterspornstrauß. In Licht gebadet, changiert er an manchen Stellen auch in gedämpftem Pink und blassem Lila.*

Ein Früchtebukett

Wer das Glück hat, einen Garten sein eigen zu nennen, weiß aus Erfahrung, daß Obstbäume mal besser, mal schlechter tragen. In reichen Jahren wird in der Küche eine fröhliche Schlacht ausgetragen, wenn die Früchte in prallgefüllten Körben um die Wette leuchten und darauf warten, als Kompott oder Marmelade in Gläser gefüllt zu werden. Schöner kann der Sommer gar nicht mehr werden. Wer pflückt als erster eine Birne oder eine Rose und legt sie in eine Glasschale? Die ganze Familie wird ihr Vergnügen an diesem Spiel haben, denn es ist ein Spiel, bei dem jeder gewinnt. Mit einigen Zitronen oder Orangen lassen sich weitere Farbakzente setzen. Auf unserem Foto lugen die sonnigen Gelbtöne von Zitronen, Orangen und Aprikosen zwischen violetten Seidenblumen, zartgesprenkelten Inkalilien, schieferblauen Disteln und Rosen der Sorten 'Ambiance' und 'Sari' hervor. Mit ihren satten Farben stehlen die Blumen den Früchten sogar die Schau. Die erfolgreiche Wirkung dieser saftigen Mischung setzt voraus, daß die Früchte und Blüten ins rechte Licht der Sommersonne getaucht sind.

In ihrem Körbchen nicht zu übersehen sind die schillernden Johannisbeeren, deren schönes Zinnoberrot einer armen Drossel wie eine Provokation vorkommen muß!

Früchte und Blumen werden nach der Ernte in gläsernen Schalen zu farbenprächtigen, originellen Tischdekorationen arrangiert.

Praktische Tips Ein sommerliches Obst-Blumen-Stilleben wie dieses wird sich nicht sehr lange halten, auch wenn Orangen und Zitronen das Dauerbad besser verkraften als die zarthäutigen Pfirsiche. Wünscht man eine langlebigere Tischdekoration, empfiehlt es sich daher, lediglich Zitronen ins Wasser zu legen und drumherum blauen Blumenschmuck zu arrangieren. Das Wasser wird dann auch nicht so schnell trübe.

Unter den Linden

Eine hochsommerliche Mahlzeit im Freien, im Schatten der Baumkronen, ist eine wohltuende Unterbrechung des Alltags. Was könnte schöner sein, als durch Blätter und Zweige zur Sonne hinaufzublinzeln und ihren Lauf zu verfolgen? Alle Sinne sind wach, das Laub schimmert im flirrenden Licht, und die Luft ist von betörenden Düften erfüllt – wie gern folgt man da einer Einladung zum Sonntagsmahl an einer weiß und blau gedeckten Tafel unter den Linden. Zu der verspielten Dekoration mit Pfirsichen, in die prachtvolle Rosenblüten gesteckt wurden, hat uns der angrenzende Obstgarten inspiriert.

Die Blumen, deren Stiele stark gekürzt und schräg angeschnitten wurden, saugen sich in ihren improvisierten Vasen mit dem süßen Saft der Früchte voll. Dieses ›Bündnis‹ wird die Mahlzeit nicht überdauern, aber Vergänglichkeit gehört bei einer Tischdekoration ja zum guten Ton. Schließlich wäre es völlig abwegig, einen Tafelschmuck, der zu einer anderen Umgebung vielleicht gar nicht passen würde, wiederzuverwenden. So hat selbst die Kurzlebigkeit von Blumen ihr Gutes: Immer wieder müssen wir uns neue Dekorationen einfallen lassen. Denken Sie daran, wenn Sie sich wieder einmal vergeblich abmühen, einen Strauß länger als möglich am Leben zu erhalten.

Praktische Tips Für das kleine, Ton in Ton gehaltene Pfirsich-Blumen-Duett eignen sich vollerblühte Rosen am besten. Wenn Sie intensivere Farbtöne bevorzugen, versuchen Sie es doch einmal mit gelben Rosen und goldgelben Zitronen.

Hängt man seinen Gedanken an die Kindheit nach, hat man oft die besten Ideen. Für diese verspielte Tischdekoration wurden kurzlebige Sommerrosen in samtige Pfirsiche gesteckt.

Harmonie in Gelb und Blau

Der Sommer ist die Zeit, die der Phantasie am meisten Nahrung bietet. Nun werden sämtliche emaillierten Kannen, Krüge und Becher, die in der Küche rein dekorative Zwecke erfüllen, unter den Bäumen verteilt und zu Vasen umfunktioniert, um die Mitbringsel des letzten Spaziergangs aufzunehmen. Für das hier abgebildete Stilleben in Gelb und Blau wurden Sonnenblumen, gelbe Rosen und blühendes Heiligenkraut mit Kornblumen und Skabiosen kombiniert. Aus einer abergläubischen Furcht heraus, daß sie Blitze anziehen könnten, hatten Skabiosen, die in dunklen Gewitternächten so seltsam leuchten, früher generelles Hausverbot.

Das Arrangement wirkt so natürlich, weil lediglich die Farbtöne aufeinander abgestimmt, die Blumen selbst jedoch in keine Form gezwungen wurden. Das Blau der Gefäße, der Kornblumen und der Skabiosen verbindet sich mit dem Gelb der Sonnenblumen und des Heiligenkrauts zu einer optisch ungemein reizvollen Harmonie. Die langstieligen Blumen in ihren hohen Vasen bilden den Hintergrund. Solche blauen und gelben Sträuße kommen in einer Küche oder einem lichtdurchfluteten Eßzimmer besonders gut zur Geltung.

Nach demselben Modell kann man nach Belieben auch andere Blumen arrangieren. So läßt sich auch mit einer Kombination von gelben oder hellgrünen Vasen mit dunkelroten Blumen große Wirkung erzielen. Hierfür eignen sich bestimmte Dahlienarten hervorragend. Das Ergebnis sollte, abgestimmt auf die rustikalen Behälter, jedoch völlig ungekünstelt wirken.

Praktische Tips Solch ein mehrteiliges Arrangement hat den Vorteil, daß sich die rasch verblühenden Sträuße problemlos durch frische ersetzen lassen. So wird man an dem leuchtendbunten Ensemble lange seine Freude haben.

Emaillierte Kannen und Töpfe dienen als Vasen für diesen farbenfrohen Blumenreigen. Der starke Kontrast zwischen strahlendgelben Sonnenblumen, Rosen und Heiligenkraut einerseits und leuchtendblauen Skabiosen, Kornblumen und Behältern andererseits macht dieses Arrangement so wirkungsvoll.

Vasen mit Blumendekor

Vasen mit Schmuckmotiven bieten sich für bestimmte Blumen manchmal geradezu an. Hat man Glück, verschmelzen Blüten und Dekor zu einem kleinen Gesamtkunstwerk. Aus dem Keramikkrug auf der Abbildung rechts quillt ein üppiger Strauß aus Wilder Möhre und blühender Kamille, wobei letztere sich ebenso im weißen Blütenrelief auf der Vase wie in den Hohlsaumstickereien der Tischdecke wiederfindet. So umkränzt von duftig weißen Kamillenblüten, kommen die ballförmigen Dolden der Wilden Möhre prächtig zur Geltung. Da der Krug eine enge Öffnung hat, mußte der Strauß nicht gebunden werden und weisen die buschigen, ausladenden Triebe in alle Richtungen. Die Kamillenzweige wurden lediglich vom Laub befreit und schräg angeschnitten. Dieses Arrangement in Weiß und Grün wirkt auch deshalb so lebendig, weil die Blüten an der Wandung des Tonkrugs herabzufließen scheinen. Zudem wurde bewußt auf jegliches ergänzende Blattgrün verzichtet, um den Kontrast von Farben und Formen hervorzuheben. Wenn der Strauß seine Funktion als Tischdekoration für den Garten erfüllt hat, wird er im hellsten Zimmer des Hauses aufgestellt. Seine Frische wirkt dort wohltuend auf alle, die ihn betrachten.

PRAKTISCHE TIPS Um geeignete Blumen für eine Vase mit Blütenmotiven zu pflücken, bietet sich ein Spaziergang mit der ganzen Familie an. Achten Sie darauf, daß die Sträuße mit dem Vasendekor harmonieren. In dem hier abgebildeten Tonkrug würde ein runder Strauß aus kleinen roten und blauen Blumen völlig fehl am Platz wirken.

LINKS: *Die Weiße Möhre wird mittlerweile in mehreren Varietäten gezüchtet. Kombiniert mit blühender Geruchloser Kamille, verleiht sie jedem Strauß eine leichte, verspielte Note.*

RECHTS: *Prickelnd wie ein Schluck Cidre: ein Strauß aus Wilder Möhre und Geruchloser Kamille.*

Sonnenblumen

Der Sommer ist die Zeit der Fülle und überschäumenden Lebensfreude. Die Bäume recken ihre Äste himmelwärts, die Sträucher strecken sich, Blumen und Ranken klettern miteinander um die Wette. Um sich die außer Rand und Band geratene Natur auch ins Haus oder in die Wohnung zu holen, braucht man sich nur im Garten zu bedienen.

Den Blickfang eines jeden Gartens bilden die leuchtenden Sonnenblumen, die ihre samtweichen Blütenkörbe der Sonne entgegenstrecken. Fast scheint es so, als hätten sie sich allein uns zuliebe geöffnet.

Ein Sonnenblumenstrauß, der in der Vase meist ein wenig steif wirkt, läßt sich durch viel dichtes Grün auflockern. Für unser Foto wurden die Blumen zusammen mit Weiden und Dill, dessen Dolden wie japanische Sonnenschirme anmuten, füllig und locker arrangiert.

Als Blumenvase dient ein alter Kohleeimer aus Zink. Zuerst kam das Grün als ›Gerüst‹ für die Blumen hinein. Der silbriggraue Glanz der hübsch geformten Weidenblätter erzeugt zusammen mit dem Gold des blühenden Dills schöne Lichtreflexe. In die Mitte dieses ›Buschwerks‹ wurden dann die Sonnenblumen gesteckt. Da sie kürzer geschnitten sind als das Blattgrün, leuchten ihre Köpfe aus der Tiefe des Straußes.

Sonnenblumen wirken sowohl für sich als auch – wie hier – mit buschigen Weidenzweigen und blühendem Dill kombiniert.

Praktische Tips Derart monumentale Sträuße sollten stets an Ort und Stelle arrangiert werden, denn ein großes wassergefülltes Blumengefäß läßt sich schlecht transportieren.

Die Weidenzweige wurden an den Enden mit einem Hammer breitgeklopft, damit sie das Wasser besser aufnehmen (siehe Seite 141). Die Stiele des Dills und der Sonnenblumen haben wir mit einem Blumenmesser schräg angeschnitten.

Potpourri aus Zinkgefäßen

Wenn es um Herzensangelegenheiten geht, ist Kleinkrämerei meist fehl am Platz. Trotzdem kann uns die Bestandsaufnahme einer liebevoll zusammengetragenen Kollektion von Gegenständen an einem strahlenden Sommertag viel Freude bereiten. Das Stilleben auf unseren Fotos vereint unterschiedliche Zinkgefäße, deren einzige Gemeinsamkeit das Material darstellt. Inzwischen hat sich ein ganzes Sortiment – eine Wanne, eine Milchkanne, das Fragment einer Regenrinne, eine Medicivase, Urnen, Kästen und ein Akanthuskranz – unter den Pappeln angesammelt. Welche Freude, dieses Formenallerlei in geregelte Unordnung zu bringen!

Als wir endlich soweit waren, mußten natürlich noch Blumen hinein!

Bei dem rechts abgebildeten Strauß, der wie eine Fontäne aus dem Eimer zu schießen scheint, dominieren die Grau- und Blautöne von Lavendel sowie zweier Distelarten, links locken die nickenden violetten Rispen des Schmetterlingsstrauchs, wie es sich gehört, die Schmetterlinge an. Die Stiele wurden schräg angeschnitten, teilweise entrindet und dann in einen wassergetränkten Steckschwamm gedrückt. Die Disteln und der Lavendel hingegen stehen frei im Wasser.

PRAKTISCHE TIPS Zu Blumenvasen umfunktionierte Zinkgefäße sind für Garten und Terrasse, aber auch für Innenräume geeignet – sofern sie wasserdicht sind. Falls Sie Löcher feststellen, können Sie ein wasserdichtes Gefäß hineinstellen oder sich mit einem Steckschwamm behelfen.

Links: *Unsere Sammlung von Zinkgefäßen wächst von Jahr zu Jahr. Jede Neuerwerbung wird unverzüglich mit Blumen geschmückt, hier z.B. mit einem üppigen, nach Pfefferkuchen duftenden Bund Sommerflieder.*

Unten: *Graue und schieferblaue Disteln und ein Bund Lavendel kommen in dem aschgrauen Zinkgefäß sehr gut zur Geltung.*

Trockensträuße

Auch wenn der Sommer sich noch so sehr ins Zeug legt, um uns zu suggerieren, daß er nie zu Ende gehen wird, müssen wir uns irgendwann mit der Tatsache abfinden, daß wir einem Schwindel aufgesessen sind. Wer aber rechtzeitig Vorsorge trifft, wird an trüben Wintertagen auf farbenfrohen Blumenschmuck nicht verzichten müssen. Es gilt die Blumen lediglich zu trocknen.

Unten: *Die ballförmigen Blüten der* Silverbrunia *bewahren ihren Silberschimmer nach dem Trocknen ebenso wie der Meerlavendel seine zartrosa Tönung.*

Rechts: *Mit dem Ende des Sommers bricht die Zeit der Trockenblumenarrangements an. Dottergelbe Schafgarbe, verblichene zimtbraune Skabiosen, rosa und gelber Meerlavendel, Disteln, Lavendel und Mohnkapseln lassen sich auf mannigfaltige Weise kombinieren und bereiten monatelang Freude.*

Mit künstlichen Blumen haben Trockenblumen allerdings nichts gemein. Wer erinnert sich nicht verschwommen an einen dieser über und über mit Spinnweben bedeckten Sträuße, die bei der geringsten Berührung zu Staub zerfallen? Trockenblumensträuße sollten rechtzeitig entsorgt werden. Ersetzt man sie jeden Herbst durch neue, läuft man nicht Gefahr, sich so daran zu gewöhnen, daß man sie irgendwann gar nicht mehr wahrnimmt.

Frisch geschnittene Blumen lassen sich kinderleicht trocknen. Im Fachhandel sind Steckkugeln erhältlich, in die man die Blüten einfach hineindrückt. Dabei sollte man aus Gleichgewichtsgründen auf ausgewogene Größenverhältnisse achten. So eignen sich schiefergraue Disteln, unreife Mohnkapseln und die runden, aparten Blütenkörbchen der Skabiosen eher für kleinere Kugeln, Schafgarbe, Lavendel oder Meerlavendel hingegen für größere. Die Stiele werden bis auf den Abschnitt, der in die Kugel gesteckt wird, gekürzt.

An einer wohltemperierten, mäßig beleuchteten Stelle aufgehängt, bilden diese Blütenbälle nach ein paar Wochen reizvolle Oberflächenstrukturen aus. Auf einem Möbelstück oder neben dem Kamin, allein oder in Gruppen arrangiert, sehen sie wie heitere kleine Stilleben aus, die noch im Winter Freude schenken.

Praktische Tips Bevor Sie die Blüten in die Kugel stecken, sollten Sie diese mit einem Bindfaden umwickeln. So können Sie den Blumenball später zum Trocknen aufhängen, ohne daß er beschädigt wird.

Herbst

Oben: *Aus den grünen Knospen der purpurfarbenen Skabiose* Scabiosa atropurpurea *entwickeln sich karminrote Blüten, die in den letzten schönen Tagen des Jahres ihre Pracht entfalten.*

Links: *Ein Herbststrauß aus Schneeballzweigen mit goldgelben Beeren, tiefrotem Fuchsschwanz, verblühtem Johanniskraut, kupferroten Rosen und gelben Hahnenkammcelosien: ein wahres Feuerwerk an Farben.*

Wenn der September die Landschaft in morgendliche Dunstschleier hüllt, ist der Herbst nicht mehr weit. Die Sonne mit ihrer allmählich abnehmenden Glut überzieht die straff gespannte Haut draller Äpfel mit einem letzten Schuß Farbe. Bald werden sie auf dem feuchten Rasen landen, der sich unter ihnen ausbreitet.

Als Mittler zwischen Sommer und Winter hat der Herbst es wahrlich nicht leicht. Und doch besteht kein Anlaß, dem Sommer nachzutrauern. Denn jetzt schlägt die Stunde der Chrysanthemen, die das ihnen zu Unrecht anhaftende Image als Friedhofsblumen mit ihren feurigen Blütenköpfen Lügen strafen. Prächtige Kaktus-, Schmuck- und Pompondahlien recken sich aus struppig gewordenen Blumenbeeten und erhellen die trüben Tage mit ihren intensiven Farben. Wen könnte es da stören, daß sie nicht duften! Zur Chrysantheme gesellt sich die Aster – mit leuchtendvioletten Blütenblättern, die wunderbar mit der goldgelben Mitte harmonieren, oder mit karminroten Blütenköpfchen, deren Leuchten das ganze Beet zum Schwingen bringt. Hinzu kommen Gladiolen, die hängenden Trauben des Fuchsschwanzes, Seidenblumen mit ihren charakteristischen Blütenblättern, weiche rote Hahnenkammcelosien und

Grün in allen Schattierungen. Eichenlaub, Hartriegel, Himbeerblätter oder auch Pfefferminze lassen sich für viele Herbststräuße als dekoratives Blattgrün verwenden.

Wenn auch nahezu sämtliche Blautöne von der Bildfläche verschwunden sind, so mangelt es den rostrot leuchtenden Sträußen dennoch nicht an farblicher Vielfalt. Während die kerzenförmigen Blütenstände vieler Sommerblumen eher schlanke Arrangements nahelegten, bieten sich Herbstblumen vor allem für rundgebundene Sträuße an. Nicht zu vergessen die vielen Früchte und Beeren, die so manches Bukett harmonisch ergänzen.

Wenn sich die Wolken am Himmel zusammenziehen und die Herbststürme einsetzen, schließen wir die Fenster, ziehen die Vorhänge zu und machen es uns vor dem Kaminfeuer gemütlich. Mit der Leichtigkeit des Sommers ist es nun endgültig vorbei. Die Zeit der Melancholie ist angebrochen.

Weckte der Frühling unsere Lust am Schauen, so stillt der Herbst die Freude am Berühren. Leichte Körbe und Glasgefäße werden von schweren Vasen aus gebranntem Ton, Steingut oder Metall verdrängt. Solche Vasen treten optisch längst nicht so sehr in den Hintergrund wie Glasgefäße. Vielmehr greifen sie häufig die warmen Farben der Blumen auf und schaffen auf diese Weise eine Verbindung zwischen beiden.

In dieser Übergangszeit wird unser Haus zu einem Refugium, das seine Bewohner und Gäste mit den prächtigsten Farben, den intensivsten Düften und mit vollreifen Früchten willkommen heißt – und uns mit Dankbarkeit für diesen unermeßlichen Reichtum erfüllt.

Oben: *Bündelt man mehrere kleine Sträuße zu einem großen Bukett, kommen die Farben und Texturen der Blüten oft am besten zur Geltung. Hier funkeln soeben aufblühende Rosen 'Sari' mit üppigen Dahlien, gesprenkelten Inkalilien und Färberdisteln um die Wette.*

Rechts: *Rote, orangefarbene und leuchtendrosa Dahlien wurden hier zu einem prächtigen Strauß vereint, dessen Farbenpracht für den mangelnden Duft entschädigt.*

Früchte und Beeren

Wenn die Zeit der Ernte und der Weinlese beginnt, bietet es sich an, Früchte und Beeren zu originellen Sträußen zu verarbeiten, in denen die unterschiedlichen Formen, Farben und Texturen miteinander in Wettstreit treten. Denn viele Sträucher tragen Früchte, mit denen sich wunderschöne Buketts arrangieren lassen. Für die Fotos auf diesen Seiten haben wir in einer flachen Schale die kleinen, zartrosa angehauchten Zieräpfel 'Malus Everest' mit tomatenroten Hagebutten kombiniert. Aus den Tiefen des Eichenlaubs lugen wie kleine Seeigel stachelige Kastanien hervor, und neben ihnen leuchten die zinnoberroten Beeren eines Schneeballs.

Dieser ausgesprochen herbstliche Strauß lebt von Kontrasten – zwischen Rot und Grün, matten und glänzenden Oberflächen. Im Vergleich zu den Kastanien mit ihrer abweisend stacheligen Hülle müssen die zarten, schillernden Beeren jedem Vogel wie eine einzige Provokation erscheinen. Auf diesen Gaumenschmaus wird er notgedrungen verzichten müssen.

Um die Holzschale, die wir als Behältnis für unser Stilleben gewählt haben, vor Feuchtigkeit zu schützen, wird sie mit Cellophan- oder Alufolie ausgelegt. Dann kommt ein wassergetränkter Block Steckmasse hinein, und mit Eichenlaub werden die Konturen des Arrangements abgesteckt. Die großen Blätter kommen nach außen. In diesem ›Bett‹ aus Blättern werden die Zweige arrangiert. Mit etwas Geschick läßt sich durch diese Mischung ein optimaler Effekt erzielen. Das Gesteck ist geradezu prädestiniert für den Eßzimmertisch. Noch besser wirkt es auf einem niedrigen Beistelltisch, weil der Blick dann von oben hineintauchen kann.

Praktische Tips Flache Gestecke betrachtet man am besten von oben. Damit der Steckschwamm nicht durchschimmert, schneidet man alle Zweige sehr kurz und steckt sie möglichst dicht. Die mit Früchten bedeckten Zweige des Zierapfels werden aus Sparsamkeitsgründen in kleinere, gleich lange Abschnitte zerteilt. Für unseren Strauß haben wir nur zwei Zweige gebraucht.

Diese Doppelseite: *Wie dieses Stilleben aus verschiedenen Blättern und Früchten beweist, müssen Sträuße ohne Blumen nicht fad aussehen. In einer flachen Schale arrangiert, zeugt es vom Reichtum der Erntezeit.*

Herbstpastelle

Dieser Strauß wirkt im gedämpften Licht der ersten Oktobertage wie ein Blütenornament. Die Rosen und Dahlien in Pastelltönen wurden mit farblich passendem Blattgrün zu einem reizvollen, verträumten Bukett arrangiert.

Herbst – das ist entweder leuchtendes Rostrot oder gedämpftes, zartes Pastell. Für diesen wundervoll üppigen Strauß wurden die Blumen nicht bündelweise, sondern einzeln verarbeitet und zuvor nach Art und Farbe sortiert. So gelang es, die reiche Palette der Pastelltöne in einer fein nuancierten Melange einzufangen.

Die herrlichen cremefarbenen Dahlien der Sorte 'Café au Lait' tragen ihren Namen zu Recht. Kombiniert mit gelben Rosen der Sorte 'Barok' und rosavioletten Rosen der Sorte 'Mamy Blue', spielen sie ihren ganzen Nuancenreichtum aus. Dazu kommen leicht gelbliche Doldentrauben verblühter Hortensien, Fuchsschwanz ('Queue-de-Renard'), Federborstengräser und einige Zweige einer Himbeerhecke. Hübsches, rot umrandetes Mahonienlaub und Buchsbaumzweige verleihen dem Strauß noch mehr Fülle.

Die Blumen und das Blattgrün wurden vorsichtig sortiert und – immer im Wechsel – rund gebunden (siehe Seite 143). Unser Ziel war eine gut ausbalancierte Mischung, bei der keine Blume dominieren sollte. Eine Vase aus Bronze greift die Form des Straußes auf und betont seine Fülle. Dieses Arrangement kommt besonders gut in der Nähe einer Lichtquelle auf einem niedrigen Tisch zur Geltung.

Praktische Tips Zweige mit überhängenden Ähren oder Trauben – wie z.B. Fuchsschwanztriebe – sollten immer in den Randbereich eines Straußes eingearbeitet werden, damit die Blüten locker über den Vasenrand fallen können. So wirkt das Arrangement anmutig und beschwingt.

Blumen in Pflanzgefäßen

Wenn man nicht mehr als zwei Bunde Blumen zur Verfügung hat, um ein größeres Behältnis zu schmücken, kann man sich mit allerlei Blattgrün behelfen. In unserem Strauß (diese Seite und folgende Doppelseite) ziehen die Schmuckdahlien der Sorte 'Mercedes Rubirosa', deren üppige cremerosa Blüten uns jedes Jahr von neuem begeistern, und zwei Zierkohlköpfe mit rosa Mitte den Blick auf sich. Hinzu kommen verschiedene Zweige, die dem Arrangement optische Tiefe verleihen und zu seiner reliefartigen Struktur beitragen: glänzender Eukalyptus, Montbretien, ein Bund Immergrüner Schneeball und zartes Mimosenlaub. Alle Zweige wurden locker in eine Blumenschale gesteckt, die wir in der Normandie aufgetrieben haben. Das sieht ausgesprochen natürlich aus, so als hätte man Garben in eine Schubkarre gelegt. Trotz des massiv wirkenden Gefäßes und der Üppigkeit des Arrangements entsteht dank der hellen Pastelltöne von Dahlien, Zierkohl und Blattwerk der Eindruck beschwingter Leichtigkeit.

Die verschiedenen Arten von Blattgrün halten sich optisch die Balance; über Kreuz gelegt, bildet das Laub darüber hinaus eine ideale Steckhilfe. Dahlien und Zierkohl wurden als Blickfang in der Mitte angeordnet. Hätte man die Blüten hingegen über den ganzen Strauß verteilt, fiele der Blick auf die Lücken des Arrangements.

Praktische Tips Dieser ausladende Strauß sollte möglichst hoch auf einem Sockel oder einer Säule plaziert werden, damit er beim Vorübergehen nicht jedesmal gestreift wird. Es empfiehlt sich, ihn direkt vor Ort zu gestalten, weil er sich schlecht transportieren läßt. Außerdem kann man seine Maße so schon während des Arrangierens auf die räumlichen Gegebenheiten abstimmen.

Wenn die Blumen verblüht sind, werden sie durch frische ersetzt. So wird einem dieser Strauß lange Freude bereiten.

Die weichen, rundlichen Blüten der Schmuckdahlien erinnern in Form und Textur an die im Winter blühende Kamelie.

Dahlien sind einfach zu kultivieren. In unserem Garten in der Normandie haben wir ihnen einen Ehrenplatz reserviert. Wenn wir im Herbst die Wochenenden dort verbringen, gestalten wir aus ihnen die schönsten Sträuße. Hier wurden Schmuckdahlien und farblich passender Zierkohl in einem Nest aus Blättern arrangiert.

Üppige Chrysanthemen

Eine Vase mit enger Öffnung läßt einen spontan an langstielige Blumen denken, doch dies ist nicht immer die optimale Lösung. So schien uns die schwere, gedrungene Steingutvase mit Krakeleefinish (rechts) für einen breiten, flachen Strauß goldrichtig zu sein.

Das satte, cremige Weiß der Chrysanthemen 'Avignon Blanc' harmoniert mit dem Farbton des Gefäßes, und das helle, karminrote Laub des Hartriegels 'Variegata' stellt für die prächtigen rosafarbenen Chrysanthemen eine ideale Ergänzung dar. Diese üppigen Treibhausblumen mit ihren ungemein voluminösen, dicht gefüllten Blütenkörbchen sind das Produkt eines jahrelangen Ausleseverfahrens.

Zunächst steckt man die Blätter des Hartriegels schräg in die Vase, so daß sie eine breite, flache Unterlage bilden. Auf diesem struppigen Laubkissen, dessen gedämpfte Farben an das Licht bestimmter Herbsttage erinnern, werden dann die Blumen arrangiert. So lassen sich einerseits die unansehnlichen Stengel kaschieren und andererseits das Hartriegellaub auflockern. Der stilvolle Strauß ist in einer behaglich eingerichteten Bibliothek ebenso am Platze wie in einer eleganten Diele. Füllen Sie jeden zweiten Tag Wasser nach – sowohl die Chrysanthemen als auch der Hartriegel benötigen sehr viel.

Sind diese ungewöhnlichen Chrysanthemen einmal nicht erhältlich, greifen wir gern auf die Sorte 'Tom Pearce' und tiefrot gefärbtes Laub zurück. Die wunderschönen Blütenbälle präsentieren sich in sattem Orange mit dunkelbraunen bis rostroten Partien.

Praktische Tips Da herkömmliche Steckhilfen nicht durch enge Vasenöffnungen passen, arrangiert man zunächst ein ›Gerüst‹ aus Blattgrün. Es wird den Blumen Halt geben.

Diese Doppelseite: *Cremeweiße und pinkfarbene Chrysanthemen sind seltener als ihre orange- oder bronzefarbenen Verwandten. Hier haben wir sie mit buntem Hartriegellaub zu einem flachen, breiten Strauß gebunden. Zu der ungewöhnlichen scheibenförmigen Vase aus Krakelee-Steingut würde auch ein Strauß aus langstieligen Blumen passen.*

Schmuckdahlien

Auch unter den Blumen gibt es kostbare Raritäten. Zwar sind diese prächtigen zweifarbigen Schmuckdahlien vergänglich, doch was macht das schon! Um so mehr wird man sich an ihrem Anblick erfreuen.

In manche Blumen kann man sich aus dem Stand verlieben – so wie wir zuweilen bei unserem Rundgang über den Pariser Blumenmarkt plötzlich wie magisch von einer ungewöhnlichen Textur oder einem auffälligen Farbton in Bann gezogen werden. In solchen Momenten schlägt unser Herz höher, wie das eines Sammlers, der unversehens auf eine Rarität von unschätzbarem Wert gestoßen ist.

So saugte sich an einem trüben Oktobermorgen unser Blick an den zweifarbigen, wie gelackt anmutenden, leuchtenden Blüten eines Bundes Schmuckdahlien fest. Wie man sieht, sind auch Floristen nicht gegen Überraschungen gefeit. Wir waren überglücklich, ließen uns den Schatz sorgfältig verpacken und trugen ihn dann nach Hause. In stillschweigendem Einvernehmen hatten wir beschlossen, diese Kostbarkeit nicht in den Laden zu stellen, sondern für uns zu behalten.

Ein Keramikgefäß mit tiefblauer spiegelnder Glasur wurde dazu auserkoren, die Schönheit dieser Blumen zur Geltung zu bringen. Wir arrangierten sie ohne jedes Beiwerk darin und stellten den Strauß dann vor die rote Wand unseres Ateliers. Auf der Stelle begannen die rotgeflammten Blüten ihr funkelndes Feuerwerk zu versprühen. Wir konnten uns nicht satt sehen daran.

Auch die Dahlie 'Caporal', eine kleine Varietät mit strahlendroten Blüten und prächtigen dunkelgrünen Blättern, beherrscht die Bühne sehr gut allein. Sie sieht in spiegelglatten, gebauchten Keramikgefäßen ausgesprochen gut aus.

Praktische Tips Die Blütenköpfe von Schmuckdahlien nicken, d.h., sie bilden mit den Stielen einen rechten Winkel. Damit sie nicht allesamt in eine Richtung weisen und in der Straußmitte eine Lücke entsteht, werden sie Rücken an Rücken arrangiert.

Bekanntlich sind die Tage frisch geschnittener Dahlien gezählt. Am längsten halten sich Pompondahlien. Gibt man einige Tropfen Spülmittel ins Wasser, hat man etwas länger Freude daran.

Gegensätze ziehen sich an: Purpurviolett und feuriges Orange

Diese Doppelseite: *Manche Farbkontraste lassen sich nur in Herbststräußen erzielen. Der abgebildete aus Bündeln dunkelvioletter Astern und Kaktusdahlien in feurigem Orange zieht sofort den Blick auf sich.*

Bevor der Winter anbricht, verfällt die Natur ein letztes Mal in einen Farbenrausch. In dem Herbststrauß rechts sind Nuancen vereint, die es in den vorhergehenden Jahreszeiten noch nicht gab. Sofern wir die Blumen bündelweise zu großen Sträußen verarbeiten (siehe Seite 143), bevorzugen wir Kontrastfarben. Jeweils fünf bis sechs Exemplare einer Sorte werden zusammengefaßt. Nur so behaupten sie sich gegenüber ihren ebenfalls bündelweise eingearbeiteten Nachbarn. In unserem Strauß entfaltet das feurige Orange der Kaktusdahlien erst in unmittelbarer Nähe zum intensiven Violett der robusten Aster 'Boy' seine ganze Leuchtkraft.

Doch die Wirkung solcher Arrangements ist nicht allein von einer gelungenen Farbwahl, sondern auch von ausgewogenen Mengen- und Größenverhältnissen abhängig. So müssen Blumen mit kleinen Blütenköpfen in umfangreicheren Bunden verwendet werden, sollen sie zwischen den größeren nicht untergehen. Hätten wir die Astern einzeln über den ganzen Strauß verteilt, zögen die satt orange leuchtenden Dahlien die Aufmerksamkeit allein auf sich. Statt dessen haben wir durch entsprechende Bündelung für ein optisches Gleichgewicht zwischen den Farben gesorgt.

Das Grün des Johanniskrauts verleiht diesem Arrangement aus Blüten und Früchten einen naiven Charme. Die dichten Zweige mit ihren lederartigen Blättern dienten als ›Gerüst‹ und wurden deshalb zuerst in die Vase gesteckt. Mit ihrem neutralen Erdton tritt diese optisch hinter den Dahlien und Astern zurück.

Praktische Tips Solche Sträuße wirken besonders gut vor einem dunklen Hintergrund. Trotzdem sollten sie frei im Raum stehen, damit man sie von allen Seiten bewundern kann.

Rote Skabiosen

Manche Blumenarten assoziieren wir so ausschließlich mit einer oder höchstens zwei Farben, daß wir sie in anderen Farbtönen gar nicht als solche erkennen. Skabiosen werden gemeinhin mit Lavendelblau und Violett, zuweilen auch mit grünlich schimmerndem Weiß oder Bonbonrosa verknüpft. Rote Skabiosen sind inzwischen so rar, daß man sie auf den ersten Blick häufig mit Bartnelken verwechselt, von denen sie sich durch die gekrauste Mitte und die weinrote Tönung unterscheiden.

Seit einigen Jahren bemühen sich manche Züchter, dieser wunderschönen Blume, deren Farbspektrum von Rosaviolett bis zu Dunkelrot reicht, ein Comeback zu verschaffen. Während die blaue Skabiose nur im Sommer blüht, mischen sich die Blüten ihrer roten Verwandten am liebsten unter das herbstliche Laub, das ihre satten, fruchtigen Farbtöne besonders gut hervorhebt. Die ständige Suche nach ausgefallenen Blumen gehört zu den Aufgaben eines Floristen, und wir freuen uns jedesmal, wenn wir unsere Kundschaft mit neuen Funden überraschen können. Jene passionierten Blumenzüchter, die jede Mühe auf sich nehmen, um alte Blumensorten wieder zu Ehren zu bringen, verdienen unsere ganze Anerkennung.

Farben von solcher Tiefe und Intensität harmonieren nur mit verwandten Tönen. In dem Strauß auf unseren Fotos bilden die über den Vasenrand hängenden, flaumweichen Ähren des Fuchsschwanzes 'Pendula' einen reizvollen Blickfang. Aus dem schwarz lackierten Metallgefäß, das vor dem Stecken mit Drahtgeflecht abgedeckt wurde, quellen glühendrote Skabiosen und Fuchsschwänze zwischen zwei Pfefferminzsträußchen hervor, die bereits von der Kälte gerötet sind. Schwarze Behältnisse passen besonders gut zu Sträußen, in denen Rot dominiert.

Mit seinen intensiven Tönen paßt dieses Arrangement z.B. zwischen Sammelobjekte und Erinnerungsstücke, auf jeden Fall jedoch in eine Umgebung mit ähnlich satten Farben. Fuchsschwanz hat übrigens eine besondere Affinität zu Samt.

Praktische Tips Wer einen Ton-in-Ton-Strauß aus Blumen verschiedener Arten zusammenstellen möchte, wird im Handel auf ein breites Angebot stoßen. Achten Sie darauf, daß das grüne Beiwerk nicht zu schwer und kompakt ist, damit es den Blüten nicht die Schau stiehlt!

Links: *Skabiosen kommen am besten in kompakten Sträußen zur Geltung. In diesem Ton in Ton gehaltenen Arrangement sind sie mit Minze und feuerrotem Fuchsschwanz kombiniert.*

Unten: *Seien sie blau oder rot – Skabiosen besitzen in allen Schattierungen den Charme echter Gartenblumen. Die rote Purpurskabiose präsentiert sich in der Tonskala von Purpur bis Rosa, und wenn sich die*

Knospe öffnet, kommt ein nadelkissenähnliches Blütenkörbchen zum Vorschein.

Gladiolen

Wir begeistern uns für Gladiolen, auch wenn kaum jemand diese Begeisterung teilen mag. Diese Blume, die meist nur in weitläufigen Hotelhallen zur Schau gestellt wird, hat Qualitäten, die ihren schlechten Ruf Lügen strafen, und wenn der aktuelle Trend auch zu rundgebundenen Sträußen geht und dazu beigetragen hat, die Gladiole in Acht und Bann zu tun, findet sie jedoch als Blumenschmuck für hohe Vasen nicht ihresgleichen.

Für die Gladiole sprechen ihre Robustheit, ihre lange Lebensdauer als Schnittblume und ihre farbliche Vielfalt. Gladiolen gibt es in vielen zarten Rosétönen, in Pfirsichgelb und sämtlichen Violettschattierungen, von Blaßlila bis zu Purpur, und natürlich in reinem, makellosem Weiß. Sie sind preiswert und überall erhältlich, allerdings oft nur in Rot. Am besten kommen diese großen, langstieligen Blumen in üppigen Sträußen zur Geltung. Damit sie das Gleichgewicht nicht verlieren, sind schwere Vasen für Gladiolen ein Muß.

Unsere Fotos zeigen Gladiolen in verschiedenen Farben, die wir bündelweise in einer gläsernen Vase mit Metallfassung arrangiert haben. Um solchen etwas steif wirkenden Sträußen ein wenig Schwung zu verleihen, umgeben wir den Vasenrand gern mit einer Manschette aus Blättern oder Gräsern. In diesem Fall haben wir uns für Chinaschilf entschieden, dessen flaumige, silbrigweiße Rispen Leichtigkeit und Bewegung ins Spiel bringen.

Praktische Tips Damit sich so viele Knospen der kerzenförmigen Blütenstände wie möglich öffnen, werden die drei oder vier oberen entfernt. Auf diese Weise erfreut uns die Gladiole eine ganze Woche lang mit ihren leuchtenden Blüten.

Diese Doppelseite: *Eine Vase mit zwiebelförmiger Basis und einer Einfassung aus filigranem Metallgeflecht setzt die prächtigen Gladiolen angemessen in Szene. Um*

dem Strauß an der Basis etwas mehr Volumen zu verleihen, wurde er mit einer Manschette aus Gräsern umgeben.

Herbstliche Trilogie

Viele nach einem Grundmodell hergestellte Vasen sind in unterschiedlichen Größen erhältlich, was natürlich nicht heißen soll, daß auch die für sie bestimmten Sträuße identisch sein müssen. Für dieses Foto haben wir drei ganz unterschiedliche Herbststräuße auf einem hübschen alten Beistelltisch aus Mahagoni zu einem in sich ausgewogenen Arrangement vereint.

Den größten der drei Sträuße charakterisieren Fülle und Bewegung. Die Gladiolen wurden als Blickfang vor dem Eichenlaub so arrangiert, daß sie aus ihm herausragen wie aus einem dichten Busch. Ihr blasses Gelb dämpft zugleich die Rottöne des Blattwerks.

Vor diesem voluminösen Arrangement steht ein rundgebundener Strauß (siehe Seite 143) mit einem Farbenspiel in den unterschiedlichsten Kupfertönen. Das Orange der Studentenblumen rivalisiert mit dem leuchtenden Dunkelrosa der gebündelten Hahnenkammcelosien, und die lachsrosafarbene Rose der Sorte 'Leonidas' geht mit einer rostroten gefüllten Chrysantheme eine gewagte Verbindung ein. Deren Farbintensität wird durch das eukalyptusähnliche moirierte Laub noch gesteigert.

Besonders voluminöse Blumen wie beispielsweise Chrysanthemen sollten im Randbereich eines Straußes angeordnet werden. Beachtet man diese Grundregel nicht, beherrschen sie das gesamte Arrangement und drängen alles andere in den Hintergrund.

Die dritte Vase ist nicht größer als ein Trinkbecher. Sie enthält eine Schmuckdahlie in Gesellschaft einiger herzförmiger Blätter, die mit der kugeligen Blüte harmonieren. Auch in diesem Miniaturstrauß wurde die Ausgewogenheit zwischen Blüte und Beiwerk gewahrt.

Praktische Tips Damit eine Trilogie wie diese gelingt, müssen die Farben aller drei Sträuße einander optimal ergänzen. Ein einziger winziger weißer oder blauer Tupfer, und die Harmonie dieser Komposition wäre dahin!

Ein Beispiel dafür, welch mannigfaltige Möglichkeiten ein einziges Vasenmodell bietet. Eine einzelne Blüte kommt in solch becherförmigen Vasen ebensogut zur Geltung wie ein rundgebundenes Bukett oder ein ›wilder‹ Strauß. Die erdigen Farben sorgen für optische Ausgewogenheit.

Wie Samt und Seide: Hahnenkamm-celosien und Seidenblumen

Da Floristen ständig ihre Kreativität unter Beweis stellen müssen, dürfen sie niemals die Lust am Experimentieren verlieren. Und was hat die Natur nicht alles an Farben und Formen zu bieten! Wir tendieren bei unseren Kreationen zu eher außergewöhnlichen Zusammenstellungen. Im rechts abgebildeten Strauß wetteifern violette Seidenblumenblüten mit den dichten, rüschenähnlichen Blütenständen der Hahnenkammcelosie um die Gunst des Betrachters. Letztere muten wie eine Kreuzung aus Musselin und Velours an. Dazwischen lugen etwas dezentere pinkfarbene Amaranten hervor.

Unten: *Trichterförmige Vasen sollten mit Wasser gefüllt werden, ehe man Blumen hineinstellt. Andernfalls drohen sie mitsamt dem Strauß umzukippen.*

Rechts: *Hier wurden Hahnenkammcelosien und Seidenblumen zu einem zwanglosen Strauß arrangiert, der in einem modernen, eher maskulinen Ambiente in warmen, dunklen Farbtönen sicher Furore macht.*

Die erst seit wenigen Jahren im Handel erhältlichen Seidenblumen bestechen durch ihre zarten, eigenwillig geformten Blüten, die aus schneeweißen Knospen hervorbrechen. Seidenblumen gibt es in allen Variationen von Rosa, Weiß und Blau. Dank ihrer schlicht geformten, wunderschön gefärbten Blüten haben sie bereits zahlreiche Liebhaber gefunden.

Hier haben wir die Blumen völlig zwanglos arrangiert, nachdem die Stiele mit einem scharfen Messer angeschnitten wurden. Das Resultat ist ein Potpourri mit wunderschönen Farb- und Materialkontrasten. Verwendet man eine trichterförmige Vase, sollten die für vorne vorgesehenen Blumen etwas kürzer als die restlichen geschnitten werden. Auf diese Weise gewinnt das Arrangement an Volumen und Tiefe. In einem modernen Interieur sieht dieser Strauß einfach hinreißend aus.

Praktische Tips Greifen Sie beim Kauf von Celosien nicht unbedingt zu Exemplaren mit besonders großen Köpfen, denn unter dem Gewicht allzu schwerer Blüten drohen die Stiele später umzuknicken.

Teatime im November

Unten: *In China werden diese kleinen Chrysanthemen auch als »Herbstmargeriten« bezeichnet. Mit ihren leuchtenden Blütenbällen bieten sie sich für runde Sträuße geradezu an.*

Rechts: *Diese Chrysanthemen scheinen zu glühen wie die untergehende Sonne. Ihr feuriger Glanz erzeugt auf Holz einen warmen Schimmer.*

Ihr schlechtes Image verdankt die Chrysantheme ihrem Ruf als Friedhofsblume. Wie oft haben wir es erlebt, daß eine Kundin oder ein Kunde, die sich soeben noch voller Begeisterung über die lebhafte Färbung einer pomponblütigen Chrysantheme ausgelassen hatten, sich unversehens abwandten, sobald der Name der Blume fiel. Weil die Chrysantheme diese Ablehnung unserer Meinung nach nicht verdient hat, haben wir uns, um ihr zu ihrem Recht zu verhelfen, einen kleinen Trick ausgedacht. Und siehe da – seitdem wir sie wie die Chinesen unter dem Namen ›Herbstmargerite‹ verkaufen, reißt man sie uns geradezu aus den Händen!

Pomponblütige Chrysanthemen wie auf unseren Abbildungen machen ohne Beiwerk nicht viel her. Ein paar Beeren oder ein wenig Laub wirken jedoch Wunder. Hier haben wir zwei Sträuße mit einer Manschette aus Wildem Wein umgeben, einen von ihnen zusätzlich mit schwärzlichen Johanniskrautbeeren und den dritten mit den rosa Früchten einer Zwergmispel aufgelockert.

Zunächst ›entlaubt‹ man die Chrysanthemen und kürzt sowohl ihre als auch die Stiele von Johanniskraut und Mispel auf die gewünschte einheitliche Länge. Anschließend bindet man runde Sträuße (siehe Seite 143). Um die Beeren gleichmäßig über das Bukett zu verteilen, legt man die Zweige jeweils im Wechsel mit den Chrysanthemen an. Ist der Strauß fertig, wird er an der schmalsten Stelle abgebunden. Danach braucht man ihn nur noch in eine Manschette aus fünf oder sechs glänzenden Weinblättern zu hüllen, die die warmen Farbtöne der Blüten und Beeren erst richtig zum Leuchten bringen. Auch die Manschetten werden noch einmal mit Bindfaden oder Bast fixiert. Diese Doppelbindung garantiert, daß weder Stiele noch Blätter später verrutschen.

Angesichts der drei vorbildlich proportionierten Buketts auf der rechten Seite wird man uns sicher zustimmen, daß Pomponchrysanthemen in rundgebundenen Sträußen besonders gut zur Geltung kommen. Auch ihre Haltbarkeit ist beachtlich und erfreut das Floristenherz.

In bernsteinfarbenen Glasvasen schmücken sie an einem trüben Herbsttag jede Kaffeetafel. Anschließend auf einem hölzernen Beistelltisch oder in einer dunklen Sofaecke untergebracht, werden sie einem noch mindestens eine Woche lang Freude bereiten. Mit warmen, schön polierten Materialien kombiniert, lassen die kupferfarbenen Chrysanthemen ihr schlechtes Image endgültig vergessen.

Praktische Tips Daß Chrysanthemen häufig so steif wirken, liegt an ihren unansehnlichen überlangen Stielen, die den Blick von der hübsch gerundeten Pomponblüte ablenken. Daher empfiehlt es sich, die Stiele so weit wie möglich zu kürzen.

Ein Strauß zum Vernaschen

Aus Blumen und Früchten lassen sich Sträuße kreieren, die einem das Wasser im Munde zusammenlaufen lassen. Dieses Arrangement aus Rosen und köstlich duftenden, auf kleine Holzstäbe gespießten Äpfeln wird kaum seinesgleichen finden.

So, wie der Frühling mit der Tulpenblüte auf Hochtouren kommt, steht im Herbst die Apfelernte ins Haus. Unzählige Früchte sind über den Rasen verstreut, und das Haus ist vom köstlichen Apfelduft erfüllt.

Mit Blumen kombiniert, zeigen sich Äpfel von ihrer dekorativen Seite. Mit ihren runden Bäckchen verleihen sie jedem Strauß eine im wahrsten Sinne des Wortes appetitliche Note. Dieserart entzückende Arrangements aus Blumen, Früchten und Laub lassen sich unter Beachtung einiger Grundregeln mühelos anfertigen.

Zunächst wird der Boden einer Vase mit einem Stück zusammengeknülltem Maschendraht ausgelegt, der als Steckhilfe dient. Die eckige irdene Vase, die auf dem Foto zu sehen ist, kam uns für dieses Arrangement wie gerufen. Ihr bäuerlicher Charme erinnert an jene alten Vorratskammern, in denen die wohlriechenden Früchte früher für den Winter eingelagert wurden. Wenn das Drahtgeflecht in die gewünschte Form gebracht ist, werden die Konturen des Arrangements mit Laub abgesteckt. Für unseren Strauß haben wir uns bei dem Amberbaum in unserem Garten bedient, aber auch das ähnlich aussehende Ahornlaub ist sehr wirkungsvoll. Als Kontrast zu den schwarzen Beeren des Johanniskrauts schienen uns die roten Früchte der Zwergmispel perfekt geeignet. Und bei den Blumen haben wir uns für das herbstliche, lebhafte Spektrum von Orange entschieden und nach Pfeffer duftende Studentenblumen, deren Blüten wie Rüschen anmuten, Rosen der Sorte 'Ambiance' mit ihren samtigen Blütenblättern und Montbretien mit ihren flammenden Ähren gewählt. Zu guter Letzt kommen die Früchte hinzu, die auf ihren Spießen an Liebesäpfel vom Jahrmarkt erinnern. Zum Anbeißen schön!

Als Spieße dienen kleine Stäbe aus der Gärtnerei, die an einem Ende mit dem Blumenmesser angespitzt werden. Achten Sie darauf, daß die Äpfel nicht alle an ein und derselben Stelle durchbohrt werden. Origineller ist es, wenn sie mal die Stielseite, mal die Blüte und mal das Profil zur Schau stellen. Auch sollten die Äpfel unterschiedlich tief in den Strauß gesteckt werden, damit er voll, aber nicht langweilig aussieht. Am besten läßt man bei der Komposition dieses Augen- und Gaumenschmauses der Phantasie freien Lauf. Auf einer Konsole wird dieses Bukett seine ganze Farbenpracht entfalten und das Haus mit köstlichen Düften erfüllen.

Praktische Tips Statt Äpfeln kann man auch rotbraune, glänzende Roß- oder Eßkastanien in den Strauß einarbeiten. Um ihre Wirkung zu steigern, bündelt man sie am besten zu Dreier- oder Vierergruppen.

Vielseitige Zierkürbisse

Ob wassergrün oder orange, oval oder rund – mit Zierkürbissen läßt sich der Erntedank auf besondere Art zelebrieren. Nach einer alten Maxime, derzufolge Kinder immer beschäftigt sein müssen, werden sie ab Anfang November, wenn es kalt wird, in der Kunst unterwiesen, aus den auffälligen Früchten der Natur vielerlei Gegenstände zu basteln.

Um einen Zierkürbis zu einer Vase oder einem Kerzenständer umzugestalten, markieren Sie zunächst die Oberkante des späteren Gegenstands. Dann wird die Frucht mit einem scharfen Messer geöffnet – natürlich von einem Erwachsenen! – und mit dem Eisportionierer ausgehöhlt. Gehen Sie behutsam vor, damit die Schale nicht beschädigt wird. Die Abbildungen auf dieser und den folgenden Seiten zeigen solch improvisierte Vasen, die mit blauvioletten Hortensien, Schwarzkümmel, Irisblüten mit wunderschöner orangefarbener Zeichnung und anderen Blumen phantasievoll in Szene gesetzt wurden.

Die Stiele aller Blumen müssen so gekürzt werden, daß ihre Blüten später die Schnittfläche der ausgehöhlten Frucht verdecken. Bei unserem Kerzenständer ist sie unter einem Bett aus feinen Flechten verborgen, deren Graugrün wunderbar mit den verschiedenen Grüntönen der Zierkürbisse harmoniert. Einmal als Schmuckstücke erkannt, finden die Zierkürbisse vielleicht auf dem Kaminsims Platz oder setzen fröhliche Akzente in einer Fensternische.

Praktische Tips Auch eine Mischung aus Laub und Beerenzweigen – man denke an Steinlorbeer und Efeu, an die orangefarbenen Beeren der Zwergmispel oder des Feuerdorns – wäre ein passender Schmuck für Kürbisvasen.

Flaschen- und Zierkürbisse lassen sich problemlos in originelle, verspielte Vasen verwandeln. Die abgebildeten wurden mit Iris und Schwarzkümmel geschmückt.

Mal mutet die Schale von Zierkürbissen wie die warzige Haut einer verhutzelten Hexe an, mal ist sie spiegelglatt. Zierkürbisse gehören wie Melonen und Gurken zur Familie der Cucurbitaceae. *Mit etwas Phantasie lassen sich aus Zierkürbissen von groß und klein drollige Vasen und Kerzenständer basteln.*

Orange wie ein Riesenkürbis

Ein praller, ausgehöhlter Kürbis mit leuchtend orangefarbener Schale dient als Vase für ein pikantes Arrangement aus Peperoni und Zierkohl in harmonierenden Farbtönen.

Ist es möglich, Blumen überdrüssig zu werden? Eines Tages kam eine Kundin zu uns in den Laden und erklärte uns ausführlich, daß sie nach einem dekorativen Tafelschmuck suche, der keinesfalls aus Blumen bestehen dürfe. »Blumen öden mich an«, meinte sie lapidar. »Lassen Sie sich etwas anderes einfallen!« So entstand das rechts abgebildete Stilleben. Daß dieser Auftrag für uns nicht eben alltäglich war, brauchen wir wohl kaum zu betonen!

Es war Herbst, und die Farben des Arrangements sollten auf die Jahreszeit abgestimmt sein. Orange vielleicht? Gelborange wie die Schnäbel der vor dem Fenster auf und ab hüpfenden Amseln? Orangerot wie die Sonne, deren Strahlen im Herbst durch die schütteren Baumkronen fallen? Orange wie die prallen, fröhlichen Kürbisse im Garten, die im November das eintönig dunkle Erdreich mit leuchtenden Flecken überziehen? Ein Kürbis sollte unsere Vase sein! Behutsam hoben wir am Stielende einen Deckel ab und höhlten den Kürbis mit Hilfe eines stabilen Eisportionierers aus. Das Fruchtfleisch läßt sich übrigens zu einer köstlichen Suppe verarbeiten. Jetzt brauchten wir den Kürbis nur noch mit Wasser zu füllen und eine geeignete, d.h. relativ lebhafte Garnitur für unsere Vase zu finden. Doch welche Farbe kann sich in Gesellschaft eines so intensiven Orange behaupten? Die Aufgabe war nicht einfach, und schließlich lösten wir das Problem mit Hilfe eines üppigen Bündels Zierkohl, dessen sattes Rosaviolett das Orange der Kürbisvase zum Leuchten bringt, ohne selbst an Wirkungskraft zu verlieren. Da eine weitere Farbe optische Verwirrung gestiftet und dem harmonischen Gesamteindruck geschadet hätte, wählten wir Peperoni als Mittler zwischen Zierkohl und Kürbis. Mit ihren vorwitzig gereckten spitzen »Nasen« bringen sie Heiterkeit ins Spiel und verleihen dem massiv wirkenden Gefäß eine gewisse Leichtigkeit. Der Zierkohl wurde in Dreier- oder Viererbündeln verarbeitet; die Peperoni dienen als Füllmaterial für die Zwischenräume.

Praktische Tips Da Zierkohl und Peperonizweige einander stützen, kommt dieses Arrangement ohne zusätzliche Steckhilfe aus.

Möchte man den Kürbis mit filigranerem Astwerk (z.B. Heckenrosen) schmücken, steckt man die Zweige einzeln in einen wassergetränkten Steckschwamm auf dem Vasenboden. Auch Laubwerk oder kleine Fruchtspieße (Äpfel, Eßkastanien) werden in einer Kürbisvase den Blick auf sich ziehen.

Winter

Oben: *Mit ihren schimmernden weißen Blüten vertreiben Lilien die Düsternis trüber Wintertage.*

Links: *Mitten im Dezember beginnen im Garten die Christrosen zu blühen. Um ihre duftigen elfenbeinfarbenen Blüten optimal zur Geltung zu bringen, haben wir sie mit unterschiedlichem Blattgrün in einer Porzellanvase von der Compagnie des Indes arrangiert.*

Kahle Bäume, schwarze, morastige Böden und tiefhängende Wolken an einem grauen Himmel melden die Ankunft des Winters. In der Hoffnung, die warme Jahreszeit möge bald wiederkehren, ziehen wir uns in unsere vier Wände zurück. Blumenschmuck ist jetzt willkommener denn je. Das Familienleben konzentriert sich auf den Platz vor dem Kamin, wo wir es uns auf einem kuscheligen Sofa gemütlich machen. Entsprechend werden die Blumensträuße auf einem niedrigen Tisch gut sichtbar in Augenhöhe plaziert.

Da sich die Natur nun eine Weile lang wenig freigebig zeigt, müssen wir die Phantasie spielen lassen. Unsere Wintersträuße sind voluminös und üppig, bestechen durch köstliche würzige Düfte und intensive Farben – geradeso, als wollten sie den Mangel vergessen machen. In der Wohnung erhalten sie daher einen Ehrenplatz.

Für diesen Strauß, der an den runden Rücken einer zusammengerollten Katze erinnert, haben wir rote, blaue und weiße Blumen mit immergrünem Blattwerk in Grau und Dunkelgrün kombiniert, um trüben Wintertagen etwas Glanz zu verleihen. Ein Zweig

Stechpalme, die aparten ledrigen, purpur-grünen Blätter der Mahonie, Efeu, Buchsbaum- oder Eibenzweige beschwören zusammen mit Beeren und Früchten noch einmal den ganzen Überfluß des Herbstes herauf.

An Mitteln, Haus oder Wohnung zu schmücken, fehlt es nicht: Man denke nur an Anemonen und Ranunkeln, kostbare Orchideen, prächtige Amaryllen, Christrosen oder herrlich duftende Tuberosen. Hinzu kommen Nelken, Lilien, Rosen und Tulpen aus dem Treibhaus, die sich zu leuchtendbunten Sträußen oder Buketts in kühlen, transparenten Tönen arrangieren lassen. Dies ist die Stunde der Exoten! Aus aller Welt importiert, bilden sie eine schöne Bereicherung unseres traditionellen Weihnachtsschmucks.

Nach allen Regeln der häuslichen Lebensart kommen nun Vasen mit raffiniertem Design zum Einsatz. Kostbare Materialien wie Porzellan, Buntglas und Silber passen zu eleganten Sträußen, in denen jede einzelne Blüte wie ein erlesenes Objekt zur Schau gestellt wird. Doch dieser Hang zum Edlen schließt die Verwendung anderer Gefäße nicht aus. Mit Manschetten aus Trockenblumen lassen sich helle, transparente Vasen, die normalerweise für Sommer- oder Frühlingssträuße gedacht sind, zu Wintervasen umdekorieren.

Wenn das Jahr allmählich ausklingt, erleben Haus oder Wohnung eine Metamorphose. Jetzt kommt die Zeit der Girlanden und Kränze, die ihren Tannenduft im Haus verbreiten, während flackernde Kerzen Schattenspiele auf die Wände projizieren. Die Weihnachtsvorbereitungen sind in vollem Gange. Ob in traditionellem Rot und Grün oder auch in strahlendem Weiß – für uns ist bei jeder Dekoration vor allem die persönliche Handschrift von Bedeutung. Auf den folgenden Seiten verraten wir Ihnen unsere Tricks. Wir würden uns freuen, wenn unsere Anregungen dazu beitragen würden, Ihnen die Feiertage noch angenehmer zu gestalten.

Oben: *Diese Orchideen sehen aus wie exotische Schmetterlinge. Ihre wachsartigen Blütenblätter fangen das fahle Licht des Winters ein und changieren in allen Rosétönen. Dazu paßt eine kostbare weiße Porzellanvase.*

Rechts: *Den besonderen Reiz dieses aparten Straußes aus krausem taubengrauem Besenkraut, Eukalyptuskapseln und* Silverbrunia *bilden die brombeerfarbene Erika und die cremeweißen Ranunkeln.*

Anemonen

Manchmal kommt die entscheidende Wende im Leben völlig unerwartet. So wurde die Idee, einen Blumenladen zu eröffnen, geboren, als wir eines Tages einen Strauß Anemonen kaufen gingen. Eine Freundin, die uns zum Abendessen eingeladen hatte, hatte eine Leidenschaft für blaue Anemonen. Leider mußten wir feststellen, daß die Floristen unseres Viertels Anemonen nur in bunt gemischten Bunden verkauften. Unser Wunsch nach ausschließlich blauen Anemonen rief ausnahmslos verständnisloses Kopfschütteln hervor. Nachdem auch der vierte Versuch erfolglos war, kam uns die Idee, einen eigenen Blumenladen zu eröffnen, in dem wir jeden Wunsch, so verstiegen er auch sein mochte, erfüllen würden.

Diese Doppelseite: *Blumen und Vase sollten farblich immer aufeinander abgestimmt sein. Hier bildet das verblichene Rosaviolett der Anemonen 'Mona Lisa' einen schönen Kontrast zum Himmelblau des Wedgwood-Übertopfes.*

Bei diesem Bukett spielen blaßlila Anemonen 'Mona Lisa' ihre aparte Farbe gegen den himmelblauen Wedgwood-Übertopf aus. Ihre Blüten sind größer als die herkömmlicher Anemonen. Die Blumen wurden in zusammengeknülltes Drahtgeflecht gesteckt und so stark gekürzt, daß sie kaum über den Vasenrand ragen. Den Blickfang bildet das auffällige Zentrum der Blüten. Die äußeren Blütenblätter sind meist weiß, was ausgesprochen edel wirkt, und die grünlichen Staubblätter rufen Erinnerungen an Christrosen wach. Von hellem Rosaviolett bis zu dunklem Purpurviolett sind diese Anemonen in allen Blautönen erhältlich. In Rot entfalten sie eine fast provokante Leuchtkraft, und in dunklem, sattem Rosé schimmern sie wie kostbarer Satin.

Praktische Tips Anemonen öffnen sich, wenn sie warm stehen, und verblassen mit der Zeit. Am besten kauft man sie knospend, und zwar einen Tag, bevor man sie benötigt.

Die Rose der Parfümeurs

Diese ungewöhnliche Rosensorte heißt 'Tango'. Rosen dieser Sorte sind zwar nicht so haltbar wie Treibhausrosen, entfalten dafür jedoch einen unvergleichlichen Duft. Zudem wirken sie so anmutig und natürlich, daß man meinen könnte, sie seien soeben im Garten gepflückt worden – und das mitten im Winter!

Die Rosensorte 'Tango' wird ausschließlich bei Grasse (Südfrankreich) für die dort angesiedelten Parfümfabriken kultiviert. Obwohl sie in Treibhäusern gezüchtet wird, besitzt sie im Unterschied zu vielen anderen, häufig unnatürlich steif wirkenden und duftarmen Edelrosen den Charme einer wohlriechenden Freilandrose. Daß es inzwischen auch eine Variante gibt, die das winterliche Angebot der Floristen bereichert, haben wir der Experimentierfreudigkeit einiger Rosenzüchter zu verdanken. Die zarte Farbe dieser schön gezeichneten Rose, die sich aus einer eher kleinen Knospe entwickelt, ruft Erinnerungen an Toile de Jouy oder verblichene Veloursstoffe wach. Uns gefällt sie aufgeblüht am besten. Mit der Zeit werden die Blüten dann lichter und enthüllen ihre gelbe Mitte.

Diese Rose arrangieren wir gern zusammen mit Eukalyptuslaub, das von den Produzenten seit einiger Zeit rötlich eingefärbt wird. Obwohl wir normalerweise natürliche Farben und Materialien bevorzugen und die Manipulation von Blumen ablehnen, müssen wir in diesem Fall zugeben, daß wir einige dieser ›Kunstprodukte‹ für sehr gelungen halten. Die Leuchtkraft der Eukalyptusblätter wird durch die künstliche Behandlung gesteigert, und ihr schönes Kupferrot harmoniert prächtig mit allen Farbnuancen der Rosen.

Für den hier abgebildeten Strauß haben wir Rosen und Eukalyptuszweige jeweils im Wechsel zu einem runden Strauß gebunden (siehe Seite 143). Zuvor wurden die Stiele der Rosen mit einem scharfen Messer von den Dornen befreit und die Seitentriebe im unteren Bereich der Eukalyptuszweige entfernt. Wenn der Strauß fertig ist, umwickelt man die Stiele fest mit Blumenbast und kürzt sie auf die gewünschte Länge.

Für dieses runde Bukett erschien uns eine gußeiserne Kugelvase im Art-déco-Stil ideal. Von ihrer dunkelbraunen Oberfläche heben sich Blüten und Laub hervorragend ab.

Praktische Tips Eine volle, buschige Straußform bringt die Schönheit dieser Rosen besonders gut zur Geltung. Achten Sie beim Binden darauf, die Blumen mal höher, mal tiefer anzulegen. Die Kunst besteht darin, einige so tief in den Strauß hineinzuarbeiten, daß das Auge auf Entdeckungsreise gehen muß. Keinesfalls sollten regelmäßige Stufen von oben nach unten entstehen. Das würde dem Strauß jedwede Natürlichkeit rauben und sehr manieriert wirken.

Silber, Lila und Weiß

Es ist noch gar nicht allzulange her, da waren silberne Blumengefäße in Mode und wurden oft völlig wahllos mit Blumen in allen möglichen Farben gefüllt. Metall ist ein kaltes Material und Blau eine kalte Farbe. Doch Silber ›erwärmt‹ sich in Gesellschaft blauer Blumen weit mehr als in Kontakt mit sogenannten warmen Farben wie Rot. Zudem haben wir festgestellt, daß blaue oder auch lilafarbene Winterblumen in Silbervasen überraschenderweise intensiver leuchten als in patinierten Gefäßen.

Ein ganzes Ensemble von Silbervasen zeigt unser Foto auf der folgenden Doppelseite. Hier wurden ein großer gemischter Strauß, zwei runde Buketts aus Blüten, Beeren und versilberten Zweigen sowie einige kleinere Sträuße in verschiedenen Silbergefäßen arrangiert.

In der größten Vase findet sich ein Potpourri aus den lila Trauben des Ehrenpreises, den schiefergrau schimmernden Früchten des Steinlorbeers und den markant gezeichneten, anmutigen grauen Blütenständen des Besenkrauts. Weiße Ranunkeln mit flaumweichen, schimmernden Pompons setzen lichte Tupfer. Sämtliche Blumen und Zweige einer Sorte wurden separat gebündelt und dann zu einem einzigen großen Strauß vereint (siehe Seite 143).

Neben diesem großen gemischten Arrangement steht ein kleinerer Strauß aus Disteln, Steinlorbeer und blauen Traubenhyazinthen. Die fedrergrauen Kugeln der exotischen, langlebigen *Silverbrunia* verleihen dem Bukett etwas Feierliches.

Doch was wäre ein solches Ensemble ohne Anemonen! In ihrer trichterförmigen Vase ziehen die Anemonen 'Mona Lisa', deren dunkles Rosaviolett durch das Silber aufgehellt wird, alle Augen auf sich. Daß wir uns auch im Winter an dieser Frühlingsblume erfreuen können, ist das unschätzbare Verdienst der modernen Treibhauskultur.

Ein paar lilafarbene und weiße Blüten, spontan über die kleinen Becher und Schalen verteilt, lassen die großen Sträuße in voller Pracht erstrahlen. Ehrenpreis, Veilchenbunde, Ranunkeln, Disteln und Anemonen bilden einen fröhlichen Blumenreigen. Ihre Nuancen spiegeln sich auf der glänzenden Oberfläche der großen Vasen wider.

Praktische Tips Die glänzende Oberfläche von Silbervasen kann reizvolle Spiegeleffeke erzeugen. Während Blau, Lila und Weiß von Silber wunderschön reflektiert werden, erzeugt Gelb nur häßliche Flecken.

Sonst steht uns der Sinn eher nach altertümlichen Vasen – doch diese glänzenden Silbergefäße inspirieren zu außergewöhnlichen Kreationen!

Für dieses effektvolle Arrangement haben wir sämtliche Silbergefäße aufgereiht, die wir besitzen – Eimer, Vasen, Becher und eine Steckhilfe – und großzügig mit lockeren und kompakten Sträußen in Violett und Weiß geschmückt. Weich umspielt das Licht die Blüten von Anemonen, Ehrenpreis, Ranunkeln und Veilchen, so daß ihre Farben noch mehr als gewöhnlich leuchten und der Silberglanz noch strahlender erscheint.

Ein runder Strauß für die verhüllte Vase

Diese Doppelseite:
Manschetten aus getrockneten Hortensienblüten bilden einen schönen Abschluß für diese beiden Wintersträuße. Der Cremeton der Rosen 'Green' und das Weiß der Inkalilien heben sich von den Pastelltönen der Blütenkränze besonders gut ab.

Das Erscheinungsbild von Vasen aus Metall oder Korbgeflecht, die wir in unserer Vorstellung eher mit Frühlings- oder Sommersträußen verknüpfen, läßt sich durch eine Manschette aus getrockneten Hortensienblüten vollkommen verändern. Zur Herstellung einer Manschette kappt man zunächst die Stiele und versieht dann jede einzelne Blüte mit einem kleinen Haken oder einem U-förmig gebogenen Draht. Dann hängt man die Blüten eine nach der anderen an den Vasenrand. Diese verblüffend simple Methode, das Aussehen einer Vase zu verändern, geht auf einen spontanen Einfall zurück, der uns den Beifall unserer Kunden beschert hat. Ein runder Strauß in einer so apart geschmückten Vase ist außerordentlich wirkungsvoll. Wir kombinieren einen Kranz aus getrockneten Blüten am liebsten mit cremeweißen oder rosa Blumen. Weiß hebt die verblichenen Töne der Hortensien hervor, während diese im Gegenzug das frische Bukett rund und weich erscheinen lassen. Für die beiden hier abgebildeten rundgebundenen Sträuße (siehe Seite 143) haben wir die Rosen 'Green' und ein großes Bund weißer, hübsch gesprenkelter Inkalilien ausgewählt. Die Inkalilie ist seit einigen Jahren sehr beliebt, und zwar zu Recht. Sie ist nicht nur preiswert

und robust, sondern erfreut uns noch mitten im Winter mit den farbenprächtigsten Blüten. Das Spektrum reicht von elegantem Weiß über Pastellrosa und kräftiges Pink bis zu Gelb und Orange.

Praktische Tips Damit die Sträuße mit dem Hortensienkranz eine geschlossene Einheit bilden, kürzt man die Stiele von Rosen und Inkalilien entsprechend.

Um frische Hortensien zu trocknen, stellt man sie in eine wassergefüllte Vase und läßt sie eine Weile darin stehen, ohne Gießwasser nachzufüllen. Auf diese Weise trocknen die Blumen ganz allmählich, ohne die Blütenblätter abzuwerfen. Wer Hortensien im Garten hat, kann die Blütenstände auch am Stock trocknen lassen und Ende Oktober, Anfang November ins Haus holen.

Drei Blumenbäumchen

Rote Amaryllen haben manchmal den unergründlichen Glanz feiner Satinstoffe. Unabhängig davon, ob man sie in kugelförmige

Bronzevasen stellt (oben) oder zu dekorativen ›Blumenbäumchen‹ arrangiert (rechts) – stets sollte man sie der besseren Wirkung halber zu mehreren verarbeiten.

Manche Schnittblumen bewahren selbst in extravaganten Arrangements ihr klassisches Aussehen. Gebündelt zu baumartigen Gebilden, erweisen sie mitten im Winter dem Frühling augenzwinkernd ihre Reverenz, auf daß er die Obstbäume bald wieder mit einem dichten Blütenflor überziehe. Hier haben wir Ranunkeln, Anemonen 'Mona Lisa' und Amaryllen in unterschiedlichen Rottönen jeweils getrennt zu kleinen ›Blumenbäumen‹ arrangiert.

Zunächst werden die Vasen mit passend zugeschnittenem, wassergetränktem Steckschwamm ausgekleidet. Die Anzahl der benötigten Blumen hängt von der Größe des jeweiligen Gefäßes ab. Ist sie zu knapp bemessen, wird der Baum schmächtig wirken.

Die kurz vor dem Aufblühen stehenden Ranunkeln werden straff zusammengebunden und mit Hilfe eines grünen Bindfadens in die gewünschte kugelige Form gebracht. Dann werden die schräg angeschnittenen Stiele etwa 2 cm tief in die Steckmasse eingeführt und an der Basis mit einer Manschette aus Moosflechte umgeben.

Bei Anemonen, die meist bundweise verkauft werden, braucht man vor dem Stecken lediglich den Bast, der sie zusammenhält, nach unten zu verschieben. So bekommen die Blüten, nicht jedoch die Stiele ein wenig Spiel. Drei bis vier Bunde sind notwendig, um dem Baum den gewünschten Umfang zu verleihen und ein ausgewogenes Verhältnis zu der hier abgebildeten schweren Medicivase herzustellen. Die Manschette soll übrigens nicht nur die unansehnliche Steckmasse verbergen, sondern auch verhindern, daß sie allzurasch austrocknet.

Amaryllen werden gewöhnlich einzeln verkauft. Es gibt sie in verschiedenen Nuancen von Weiß über Rosa bis Rot, wobei wir den dunkelroten mit einem Stich ins Schwarze (rechts) den Vorzug geben. Die langen, steifen Stiele der Amaryllis sind für baumartige Gebilde geradezu ideal. Da sie hohl sind, mangelt es ihnen allerdings an Stabilität. Deshalb wird in jeden Stiel ein stützender Stab gesteckt und tief in den Steckschwamm getrieben. Die Stiele selbst werden lediglich 1 cm tief in die Masse gedrückt, damit sie deren Feuchtigkeit aufnehmen können. Ordnet man die größten Exemplare in der Mitte an und arrangiert die kleineren ringsherum, erhält der ›Baum‹ eine effektvolle Kegelform, die dem strengen Charakter der Amaryllis gerecht wird.

Praktische Tips In Sockelvasen wirken solche ›Bäume‹ besonders elegant. Wir ordnen sie gern in Gruppen an. Sie können aber auch einen einzelnen ›Baum‹ zwischen einige Schalen mit Trockenfrüchten oder frischem Obst stellen. Sockelvasen sehen in einem klassisch-schlichten Ambiente wie auf einer breiten Marmorkonsole am besten aus, aber auch in einem modernen Interieur.

Die Anmut von Tuberosen

Oben: *Eine ausgefallene Dekoration für ein zeitgenössisches Interieur: Orchideen und Blattwerk in einer flachen, mit Erde gefüllten Schale. Moosflechten dienen als Randabdeckung. Die Orchideen beläßt man übrigens in ihren Röhrchen.*

Dieser graphisch effektvolle Strauß (links), der in ein fernöstliches Ambiente ebensogut paßt wie in ein modernes, nüchternes Interieur westlicher Prägung, besteht aus Zweigen der Korkenzieherweide und einigen Bunden der vitalen Tuberosen. Die Heimat der Tuberosen ist Mexiko. Sie verströmen einen durchdringend süßlichen Duft, der an Jasmin erinnert und in kleinen, geschlossenen Räumen recht aufdringlich wirkt. Deshalb braucht die Tuberose viel Raum. In Dielen z.B. paßt sie ausgesprochen gut. Ihre Ähren erinnern an die Trauben der Schaumblüte, und das wachsartige Weiß ihrer Blüten weist einen aparten Stich ins Grünliche auf.

Die links abgebildeten Sträuße in japanischen Bronzevasen ergänzen einander durch ihre klare, sachliche Linienführung. Zunächst wurden die Weidenzweige symmetrisch angeordnet, danach die Tuberosen einzeln hinzugefügt. Am besten arrangiert man solche imposanten Sträuße an Ort und Stelle in bereits mit Wasser gefüllten Vasen.

Der eklatante Gegensatz zwischen den langen Weidenzweigen und den eher zierlichen Bronzevasen fällt sofort ins Auge. Wären die Vasen nicht schwerer, als es den Anschein hat, würde ein solcher Strauß bei der kleinsten Berührung umkippen.

Praktische Tips Um die Lebensdauer von Tuberosen zu verlängern, werden sie vor der Verarbeitung eine Stunde lang in heißes Wasser gestellt. Dieses Vorgehen empfiehlt sich für alle Blumen mit Milchsaft, so auch für sämtliche Wolfsmilcharten.

Wenn die Tuberosen verblüht sind, kann man sie durch Lilien oder große Tulpen ersetzen, die mit den Weidenzweigen ebenfalls ein harmonisches Ganzes bilden.

Links: *Mit Tuberosen lassen sich grazile, graphisch effektvolle Sträuße kreieren. Der intensive Duft der weißen Blüten von Tuberosen ist Legende.*

Rot und Orange

Manche Farben legen von vornherein bestimmte Kombinationen nahe. Blau z.B. paßt hervorragend zu Gelb, und Violett harmoniert gut mit Rosa. Als Floristen dürfen wir uns rühmen, unsere geschätzten Kunden immer wieder mit außergewöhnlichen Farbzusammenstellungen zu überraschen. Beispielsweise stellen wir gern Sträuße aus lila Anemonen und hellblauen Traubenhyazinthen oder rosavioletten und dunkelroten Rosen zusammen.

Faszinierende Ergebnisse erzielt man auch mit der Kombination der Farben Rot und Orange. Sie ist so unwiderstehlich, daß eines Tages eine Busfahrerin mit einem Bus voller Fahrgäste vor unserer Ladentür stoppte, zu uns hereinstürmte, sich den Strauß, den sie auserkoren hatte, reservieren ließ und ebensoschnell verschwand, wie sie gekommen war. Als sie nach Dienstschluß ihre Blumen abholte, erzählte sie uns, daß sie vom Anblick der orangefarbenen Ranunkeln und der roten Rosen der Sorte 'Madame Delbard' so hingerissen gewesen sei, daß sie der Versuchung nicht habe widerstehen können. Wie auf dem Foto links zu sehen, wirken Orange und Rot belebend aufeinander und wird ihre Intensität durch das Violett der Anemonen noch gesteigert. Der blaugraue Meerlavendel lockert das Ensemble auf und verleiht dem vollen, aus dichten Blumenbündeln arrangierten Bukett Leichtigkeit. Passend dazu wurde die gebauchte Bronzevase mit weiter Öffnung ausgewählt: Einerseits harmoniert sie ausgezeichnet mit dem tiefen Dunkelrot der Rosen, andererseits hebt sie das feurige Orange der Ranunkeln hervor. Ihre Rundungen korrespondieren in wunderbarer Weise mit der Silhouette des Straußes.

Praktische Tips Für diesen Strauß wurden nach unserer bevorzugten Bindetechnik (siehe Seite 143) die Blumen bündelweise verarbeitet. Um ein farblich ausgewogenes Ergebnis zu erzielen, sollten Sie darauf achten, daß gleichfarbige Bündel nicht direkt aufeinandertreffen.

Läßt man die Spitzen des Meerlavendels ein wenig aus dem Bukett herausragen, wirkt der Strauß wie von einem romantischen Schleier verbrämt.

Diese Doppelseite: *Orangefarbene Ranunkeln, tiefrote Rosen, purpurfarbene Anemonen und blauer Meerlavendel wurden hier*

bündelweise zu einem kunstvollen, außergewöhnlich bunten Strauß verarbeitet. Mit seinen intensiven Farben paßt er ausgezeichnet zur relativ dunklen Umgebung und dem mit tiefrotem Samt bezogenen Sofa.

Blumen fürs Büro

Welcher Strauß eignet sich fürs Büro? Zu einem modernen Ambiente mit fast schon futuristisch anmutenden Möbeln und Geräten passen Sträuße mit dynamischer Linienführung. Blumen und Blattgrün sollten auf die nüchterne Umgebung abgestimmt sein. So sind zarte oder auch sehr üppige Blumen wie Rosen oder Pfingstrosen in einem Arbeitsraum fehl am Platz. Das Foto links zeigt einen Strauß aus Papageientulpen 'Apricot Parrot', rötlich schimmernden *Leucodendron*- und Eukalyptuszweigen, der für ein eher ›feminines‹ Ambiente gedacht ist. Die unterschiedliche Struktur seiner Komponenten legte eine Art Dreieckskomposition nahe.

Zunächst wurden zwei Bunde Tulpen in eine hohe Vase aus glasiertem Ton gestellt. Die Stiele wurden zuvor von den meisten Blättern befreit, damit sie in der Vase nicht zuviel Platz beanspruchen. Im Vordergrund arrangiert, bilden die Tulpen mit ihren leuchtenden pfirsichfarbenen Blüten den optischen Mittelpunkt. Links dahinter ein Bund Eukalyptus mit Kapseln – unverzichtbar für die optische Ausgewogenheit des Ensembles. Mit seiner filigranen Struktur zieht er nicht zuviel, aber auch nicht zuwenig Aufmerksamkeit auf sich. Die Eukalyptuszweige sind so aufgefächert, daß der unterste mit der kürzesten Tulpe abschließt. Auf diese Weise vergrößert man nicht nur das Volumen des Straußes, sondern verleiht ihm darüber hinaus ein modern wirkendes ›Design‹. Das rote Laub des *Leucodendron* im Hintergrund hebt das Pfirsichorange der Tulpen und das ledrige Grün des Eukalyptus gleichermaßen hervor.

Die durch und durch ›maskuline‹ Strenge des schwarzen Schreibtisches auf dem Foto rechts hat uns zu einem exotischen Strauß inspiriert. Die drei zapfenförmigen Ingwerblüten in der chinesischen Bronzevase setzen helle, bernsteinfarbene Akzente. Hinzu gesellen sich die geringelten gelbgrünen Blütenstände der *Calathea lutea*. Die dezente *Calathea rattlesnake* ›vermittelt‹ zwischen beiden Arten.

Beginnend mit dem Ingwer, wurden alle Blüten bundweise in den Strauß eingearbeitet. Eine grüne Manschette aus *Cordyline*-Blättern, ebenfalls exotischer Herkunft, rundet das Ganze ab.

Praktische Tips Einen Strauß für den Arbeitsplatz sollte man immer in eine schwere, stabile Vase stellen, damit er nicht bei der geringsten Berührung umzukippen droht.

Oben: *Exotische Blumen erfreuen sich immer größerer Beliebtheit und sind einer eher strengen Arbeitsatmosphäre angemessen.*

Links: *Dieser üppige Strauß aus Papageientulpen und Blattwerk ist Blickfang eines weniger strengen Ambientes.*

Hommage an die Ruhmeskrone

Ungewöhnliche Blumen zu entdecken und beim Publikum durchzusetzen gehört wohl zu den vornehmsten Aufgaben eines Floristen oder einer Floristin. So gebührt der Ruhmeskrone oder *Lilium gloriosa* unsere besondere Aufmerksamkeit.

Diese tropische Schlingpflanze ist in Zentral- und Südafrika beheimatet und wird in den Niederlanden in Treibhäusern kultiviert. Wenn sie dann in unregelmäßigen Abständen in anderen Ländern Europas auftaucht, genießt sie eine Vorzugsbehandlung, die andere weitgereiste Exoten vor Neid erblassen läßt. Diese Lilien mit den rot-gelben seesternförmigen Blüten werden einzeln – in luftgefüllte, hermetisch verschlossene Hüllen verpackt – auf die Reise geschickt, so daß sie ihr Ziel taufrisch erreichen und die Blüten ihre Leuchtkraft bewahren. Ihr orientalisch anmutendes Flair, das an *Tausendundeine Nacht* erinnert, prädestiniert sie für komfortable, luxuriös eingerichtete Räume wie diesen Salon (rechts), der in einem Roman von Pierre Loti beschrieben sein könnte.

Einzeln wirken die Blüten der extravaganten Ruhmeskrone, deren extrem biegsamer Stiel beim kleinsten Lufthauch erzittert, besonders effektvoll. Dieses kleine Naturwunder mit seinen gespreizten Blütenblättern, zwischen denen lange Staubblätter hervorlugen, scheint permanent in Bewegung zu sein. Mit Ranken versucht sich die Pflanze ständig irgendwo festzuklammern. Hier haben wir die Ruhmeskrone mit einem Büschel Zierspargel (*Asparagus miriogladus*), dessen filigrane Struktur den exotischen Gesamteindruck verstärkt, in einer spiegelnden Mosaikvase arrangiert.

Unten: *Dieses bizarre, sternförmige Wesen, das sich der Sonne entgegenreckt, wirkt wie eine Mischung aus Blume und Insekt.*

Rechts: *Die Ruhmeskrone ist die Exotin unter den Blumen. Der bloße Anblick ihrer intensiv leuchtenden Blüten genügt, um sich im Geiste weit forttragen zu lassen.*

Praktische Tips Glanz und Anmut der Ruhmeskrone würden in Gesellschaft gewöhnlichen Blattgrüns (z.B. von Lorbeer oder Efeu) verlorengehen. Eine so kostbare Blume muß ihr Beiwerk dominieren; gelingt dies nicht, sollte man sie lieber ohne jede Begleitung in Szene setzen.

Eine rote Vase

Diese Doppelseite: *Nachdem Sarah Bernhardt anläßlich einer Generalprobe einen Nelkenstrauß erhalten hatte und später vom Premierenpublikum ausgebuht worden war, war sie fest davon überzeugt, daß Nelken Unglück bringen. Diese Anekdote*

hat die Nelke bei Künstlern dauerhaft in Mißkredit gebracht, kann uns jedoch nicht davon abhalten, unsere Nelken effektvoll in Szene zu setzen.

Eine Zeitlang thronte in unserem Geschäft eine Vase aus rubinrotem Biot-Glas. Wir hatten das gute Stück auf einer Versteigerung erworben und waren sehr stolz darauf. Da wir nicht einmal einen hohen Preis für sie verlangten, wunderten wir uns über die Zurückhaltung unserer Kundschaft, deren Wahl immer zugunsten irgendeiner anderen, ganz gewöhnlichen Vase ausfiel. Eines Tages kam eine Bekannte vorbei und klärte uns auf: »Eine rote Vase? Was ist denn in euch gefahren? Welche Blumen wollt ihr denn in eine rote Vase stellen?« Wir fühlten uns natürlich herausgefordert und arrangierten spontan diesen Nelkenstrauß in unserer Biot-Vase. Und es dauerte gar nicht lange, da entdeckte ein Kunde sein Herz dafür und erwarb den Strauß samt Vase! Seither denken wir jedesmal, wenn wir eine rote Vase, einen roten Blumenstrauß oder beides zusammen verkaufen, daran, daß eine anschauliche Präsentation das Entscheidende ist, wenn man anderen die eigene Begeisterung für einen bestimmten Stil und die Freude am Beruf vermitteln will.

Weiße Blumen eignen sich für rote Vasen ebensowenig wie gelbe oder orange. Blaue hingegen wirken darin sehr apart. Wir bestücken unsere roten Vasen allerdings am liebsten mit leuchtendroten Blumen. Der Strauß auf dem Foto rechts besteht aus drei Bunden Nelken in unterschiedlichen Rotnuancen – Rosarot, Rotviolett und Zinnober.

An sich müßten Nelken mit ihrem charakteristischen Duft, ihren intensiven Farben und nicht zuletzt wegen ihrer langen Haltbarkeit auf der Beliebtheitsskala ganz oben rangieren. In Frankreich, wo sie hauptsächlich in der Gegend um Nizza kultiviert werden, ist ihr Stern seit zwei Jahrzehnten jedoch unaufhaltsam im Sinken begriffen. Die Engländer dagegen halten der Nelke die Treue. So haben wir auf einer Tour durch die Treibhäuser von Guernsey mit dieser Blume innige Freundschaft geschlossen, die bis heute andauert. Für ein zeitgenössisches Dekor kann man sich wohl kaum etwas Schöneres vorstellen als diesen Strauß, dessen Leuchtkraft auch dem nüchternsten Ambiente Charme verleiht. Selbst einem Maler wie Matisse würde das Herz höher schlagen.

Praktische Tips Früher wurden die extrem brüchigen Nelkenstiele mit Draht verstärkt. Neuere Züchtungen haben meist stabilere Stiele; nichtsdestotrotz bedürfen die Blumen einer behutsamen Behandlung. Dies gilt vor allem für Exemplare mit einer einzigen Blüte. Deshalb sollte man Nelken vorwiegend in niedrigen Sträußen arrangieren.

Gelb

Blumensträuße für ein zeitgenössisches Ambiente sollten sich durch klare Farben und exakte Linien auszeichnen.

In dieser Rauchglasvase aus den 1940er Jahren, die wir auf Wunsch eines Sammlers mit einem Strauß

schmücken sollten, leuchten Amaryllen und zitronengelbe Mimosen um die Wette. Um ein derart strahlendes Gelb zu erzielen, stellen die Blumenzüchter die Amaryllen in eine spezielle Farblösung. Die Blume ist hauptsächlich in roten und weißen Tönen im Handel. Um ihre hohlen, steifen Stiele zu kaschieren, kombinieren wir sie in der Regel mit verspielt wirkenden Zweigen – wie z.B. hübschen, duftigen Mimosen, deren Blüten obendrein einen angenehmen Duft verströmen. Sie werden zuallererst in der Vase arrangiert. Doch nicht nur die Farben, auch die Texturen sind harmonisch aufeinander abgestimmt. Die flaumigen Blütenbällchen der Mimose wirken belebend auf die wächsern glänzenden Amaryllen.

Dieser nach einer spontanen Idee entstandene Strauß hält sich eine ganze Woche lang.

Praktische Tips Die Haltbarkeit von Mimosen und Amaryllen läßt sich durch einen einfachen Trick verlängern: Man schneidet die Stiele der Mimosen an, ohne das Bund zu lösen, und stellt es dann für etwa eine Stunde in heißes Wasser. Auf diese Weise sorgt man dafür, daß die Kapillaren sich nicht verschließen, und verbessert so die Wasseraufnahme. Nach dem heißen Bad werden die Blumen wie gewöhnlich weiterverarbeitet.

Amaryllen wirken noch schöner, wenn man sie von den bräunlichen Kelchblättern befreit, und halten sich länger, wenn die Stiele unter dem Blütenansatz mit einer Nadel durchbohrt werden. So verhindert man die Bildung von Luftblasen und damit die Beeinträchtigung der Wasseraufnahme.

Diese Doppelseite: *Reingelbe Amaryllen sind keine Laune der Natur, sondern der Experimentierfreude einiger Züchter zu verdanken, die das Blumenwasser mit Farbstoff versetzt haben. Damit nichts von der makellosen Schönheit ihrer Blüten ablenkt, werden die*

braunen Kelchblätter entfernt. Zusammen mit Mimosen lassen sich Amaryllen zu modern wirkenden Sträußen arrangieren.

Ein Gewürzstrauß

Diese Seite: *Wenn der Winter kommt und Weihnachten vor der Tür steht, beschwört der würzige Duft von Zimt, Anis und Nelken die Erinnerung an ferne, exotische Länder herauf.*

Rechts: *Für dieses aromatische Potpourri aus Früchten und Gewürzen, das in den Wintermonaten die Wohnung mit angenehmen Düften erfüllt, wurde ein quadratisches Behältnis gewählt. Ebenso geeignet wäre eine Medicivase.*

In den ungemütlichen Wintermonaten läßt sich die große weite Welt in Form von exotischen Düften ins Haus holen. Das hier vorgestellte Bukett mutet wie ein Geschenk der Heiligen Drei Könige aus dem Morgenland an. Seine Anfertigung erfordert etwas Geduld, läßt sich aber gut in Gesellschaft durchführen. Das Ergebnis ist auch optisch ausgesprochen reizvoll.

Man benötigt eine Steckkugel, vergoldeten feinen Blumendraht, ein Dutzend Stützstäbe und allerlei Früchte wie Klementinen, Tannenzapfen, einige Zimtstangen, Sternanis, Nelken und Eßkastanien. Das Präparieren dieser Ingredienzen ist einfach. Die Klementinen – sie dürfen nicht zu reif sein, weil sonst die Schale zu platzen droht – werden mit Nelken, andere mit Sternanis so gespickt, daß ein dekoratives Muster entsteht. Danach umwickelt man die Klementinen mit Golddraht, verdrillt die Enden und steckt sie in die Frucht. Die Zimtstangen werden in kleine Stücke geschnitten und bündelweise mit Draht verschnürt. Auch die Tannenzapfen ›verdrahtet‹ man an der Basis. Kastanien und Klementinen spießt man auf die zuvor angespitzten Stäbchen, ohne die Früchte vollständig zu durchbohren.

Nun legt man die Steckkugel in die Vasenöffnung, wobei die Größenverhältnisse so aufeinander abgestimmt sein sollten, daß zwei Drittel der Kugel über den Vasenrand ragen. Jetzt beginnt das Baukastenspiel. Zunächst steckt man die Klementinen, dann – am besten gruppenweise – die Kastanien und zuletzt Tannenzapfen und Zimtbündel in die Kugel. Mit ebenfalls ›verdrahtetem‹ Sternanis lassen sich verbliebene Lücken füllen.

Für diesen Duftstrauß haben wir ein eckiges, massiv wirkendes Gefäß gewählt, dessen klare, schnörkellose Linien den Blick auf das Farben- und Formenspiel der Früchte lenken. Es erinnert an die Welt von *Tausendundeine Nacht* und sollte in einem Raum plaziert werden, in dem man sich häufig aufhält, z.B. dem Wohnzimmer.

Praktische Tips Die betörende, aber unaufdringliche Duftmelange aus Anis, Zimt und Nelken entfaltet ihr Aroma am besten in der Nähe einer Heizung.

Adventskränze

Bereits in vorchristlicher Zeit hatte der Kreis als Symbol des über den Tod triumphierenden Lebens kultische Bedeutung. Bis heute hat sich in Nordeuropa der Brauch erhalten, in der Adventszeit die Haustüren mit Schmuckkränzen aus Blumen, Früchten, Laub und Tannenzweigen zu verzieren.

An der Wand eines alten Schuppens neben unserem Haus harren diese drei Weihnachtskränze der Dinge, die da kommen werden. Sie bestehen aus aromatischen Blättern (oben), Flechten und Stechpalme (unten) bzw. aus getrockneten Hortensienblüten (Mitte). Ihre Anfertigung ist einfach und erfordert lediglich etwas Geduld.

Im Handel erhältliche Adventskränze können mit selbstgebastelten natürlich nicht mithalten. Beachtet man hinsichtlich der Farbgestaltung und Proportionen einige Grundregeln, lassen sich Kränze mühelos selbst anfertigen.

Die meisten unserer Adventskränze gestalten wir – entweder nach unseren eigenen Vorstellungen oder nach den Wünschen unserer Kunden – auf der Basis eines Strohkerns, des sogenannten Römers. Soll der Kranz später aufgehängt werden, befestigen wir vor der weiteren Bearbeitung eine Schlaufe am Rohling, die sich zum Schluß mit Bändern aus Samt oder Seide elegant kaschieren oder auch unter einigen Blättern verstecken läßt.

HORTENSIENKRANZ MIT GLIMMER

Dieser bezaubernde Kranz paßt in ein romantisches Schlafzimmer ebensogut wie in den rustikalen Salon eines Bauernhauses. Seine schimmernde Oberfläche kommt in der Nähe einer Lichtquelle besonders gut zur Geltung.

Zunächst werden die Stiele getrockneter Hortensien direkt unter den Blütenköpfen gekappt. Danach befestigen Sie die Hortensienblüten dicht an dicht mit einfachen Haarklemmen oder Haken, die sich leicht aus Draht zurechtbiegen lassen, an den oberen und seitlichen Partien des Strohrings.

Zum Schluß wird alles mit Glimmer aus der Sprühdose (aus dem Kaufhaus) verziert. Zwanzig Stäbchen Kandiszucker, die es in vielen Teeläden fertig zu kaufen gibt, runden das Ganze ab.

Praktische Tips Auch auf Fichten- und Tannenkränzen macht Glimmer sich sehr gut. Je ungleichmäßiger man ihn aufsprüht, desto natürlicher wirkt das Ergebnis.

KRANZ AUS FLECHTEN UND STECHPALMENZWEIGEN

Vor allem frische Flechten lassen sich gut verarbeiten. Ihre weiche moosige Textur ruft Erinnerungen an nordische Landschaften und Birkenhaine wach. Wenn sie erschlaffen, werden sie mit Wasser besprüht und sind binnen einer Stunde wieder schön frisch.

Für den auf Seite 132 abgebildeten Kranz benötigen Sie Flechten in kleinen Bündeln, die mit Hilfe U-förmig gebogener grüner Haken aus Blumendraht oder auch einfacher Haarklemmen an den oberen und seitlichen Partien des Strohrings fixiert werden. Die Unterseite des Rings bleibt frei. Um eine gleichmäßige Oberflächenstruktur zu erzielen, müssen die Flechten dicht an dicht und so flach wie möglich auf dem Römer befestigt werden. Als Dekoration eignen sich kleine Stechpalmenzweige, an denen jeweils zwei Blätter belassen werden. Paarweise auf dem Kranz verteilt, muten sie wie kleine Schmetterlinge an, die im Moos Rast halten. Einen solchen Kranz kann man problemlos einige Tage, bevor man ihn benötigt, anfertigen, insbesondere, wenn die Flechten noch feucht sind.

Praktische Tips So schlicht und einfach wie hier beschrieben gefällt uns dieser Kranz am besten. Selbstverständlich kann man ihn aber auch mit *Ilex*-Beeren und Trockenfrüchten wie Nüssen oder kleinen Tannenzapfen dekorieren.

EIN DUFTKRANZ

Für einen köstlich duftenden Kranz wurden Zweige von vier verschiedenen Bäumen bzw. Sträuchern kombiniert: Lebensbaum, Tanne, Buchsbaum und Myrte.

Nachdem man alle Zweige auf dieselbe Länge gekürzt hat, bindet man sie zu kleinen gemischten Sträußen und fixiert diese anschließend einen nach dem anderen am Strohring, indem man dünnen, biegsamen Blumendraht jeweils zweimal fest herumwickelt. Je dichter man die Sträußchen schichtet, desto voller und ausgewogener wirkt der Kranz.

Praktische Tips Auch Eukalyptus läßt sich zusammen mit Efeu zu ansprechenden Duftkränzen verarbeiten.

Wer selbst einen Kranz binden möchte, kann bei der Materialwahl seiner Phantasie freien Lauf lassen. Links werden Sträußchen aus Laub und Beeren auf einem Strohring befestigt. In der Herstellung etwas aufwendiger ist der Hortensienkranz (oben): Man steckt Blüte für Blüte ins Stroh, besprüht das Ganze mit Glimmer aus der Dose und verziert den Kranz mit Kandisstäbchen.

Weihnacht in Rot und Grün

Ranunkeln, Zierspargel, Stechpalme, Feuerdorn und blühender Steinlorbeer wurden willkürlich auf einem Ring aus Steckmasse arrangiert. Um das Tischtuch zu

schonen, wird der Kranz erst nach der Fertigstellung auf den Tisch gestellt.

Eine Weihnachtsdekoration in Rot und Grün findet bei Kindern großen Anklang. Mit strahlenden Augen verfolgen selbst die Allerkleinsten, wie die prächtigen Farben des Tisch- oder Baumschmucks im Kerzenschein leuchten. Und wieviel Freude macht es, die Wohnung weihnachtlich zu dekorieren! Wer weiß, vielleicht werden nun unsere geheimsten Wünsche in Erfüllung gehen.

Sich auf Traditionen zu beziehen heißt keineswegs, Trübsal zu blasen – im Gegenteil. Traditionelle Bräuche sind nach wie vor eine unerschöpfliche Inspirationsquelle für jeden, der bei der Anfertigung von Festdekorationen seine Phantasie spielen läßt.

TISCHDEKORATIONEN

Mit frischen Blumen, Laub, Beeren und etwas Steckmasse lassen sich farbenprächtige Tischdekorationen kreieren. Für das Foto links haben wir gefüllte rote Ranunkeln, *Asparagus miriogladus*, *Ilex*-Zweige und rote Beeren vom Feuerdorn auf einem Kranz aus Steckmasse arrangiert. Der zartgrüne Zierspargel sticht gut von den schimmernden schwärzlichen *Ilex*-Blättern ab. Aufgelockert wird das Gesteck durch kleine Sträuße Steinlorbeer, dessen hellrosa Blüten sich vom übrigen Beiwerk gut abheben.

Am besten steckt man mit *Ilex* und *Asparagus* zunächst die Konturen ab und legt damit das Volumen des Gestecks fest. Die feinen *Asparagus*-Zweige werden bündelweise, die harten *Ilex*-Blätter einzeln in die wassergetränkte Steckmasse gedrückt. In dieses Kissen bettet man anschließend Blüten und Beeren. Die Ranunkelblüten sollten schön prall, aber nicht zu groß sein, um nicht aufdringlich zu wirken. Der Stiel wird jeweils 2 cm unter dem Blütenkopf schräg abgeschnitten. Das verbessert die Wasseraufnahme und erleichtert das Stecken. Den krönenden Abschluß bilden Steinlorbeer und Feuerdorn.

Rote und grüne Windlichter in der Mitte des Kranzes vollenden das festliche Arrangement. Werden sie zum Auftakt einer Mahlzeit angezündet, überzieht ihr Licht die roten Beeren und Ranunkeln mit einem wunderschönen Glanz.

PRAKTISCHE TIPS Auf einem ovalen Tisch kommen drei runde Gestecke besser zur Geltung als ein ovales, das eher eintönig wirken würde. Eine Dekoration aus einem größeren und zwei kleineren Kränzen halten wir für ebenso passend wie ein Arrangement aus drei kleinen Buketts. Für einen rechteckigen Tisch eignet sich am besten eine rot-grüne Girlande (nach Art unserer Hochzeitsgirlande) über die ganze Länge der Tafel (siehe Seite 39–40).

Scheuen Sie sich nicht, die Zutaten kreuz und quer in den Kranz einzuarbeiten! So betonen Sie nicht nur die Farb- und Materialkontraste, sondern regen auch die Phantasie der Betrachter an.

EIN WEIHNACHTSSTRAUSS

Mit diesem gleichermaßen graphisch wie voll wirkenden Strauß werden die Farben der gedeckten Tafel aufgegriffen. In einer Chambordvase, einer niedrigen Variante der Medicivase, schmiegen sich die leuchtendroten Rosen der Sorte 'Extase' in ein grünes Bett aus exotischen Pflanzen: *Safari* 'Albi Flora' besitzen flache Kronen, und *Safari* 'Comosum' setzen sich aus runden Früchten zusammen.

Diese Gehölze werden im Winter in großen Mengen aus Südafrika importiert und gleichen unseren einheimischen Nadelhölzern (z.B. Fichte, Lärche, Schwarzkiefer). Billig sind sie nicht, dafür jedoch ausgesprochen robust und haltbar.

Das rechts abgebildete Gesteck wurde aus Bündeln von jeweils sieben bis zehn Rosen und Zweigbündeln kreiert. Die Rosen wurden zunächst von ihren Dornen befreit, die Stiele stark gekürzt – zum einen, damit sie gut in der wassergetränkten Steckmasse halten, zum anderen, um dem Ganzen eine kompakte, geschlossene Form zu verleihen. Den Tisch, auf dem es Platz finden sollte, haben wir mit Folie abgedeckt und dann mit Flechten dekoriert. Auf diese Weise entstand eine regelrechte kleine Waldlandschaft.

Dieses prächtige Bukett aus zinnoberroten Rosen 'Extase' und exotischem Beiwerk ist farblich exakt auf die Tischdekoration abgestimmt.

PRAKTISCHE TIPS Ein solches Dekor wirkt vor allem durch seine Farben. Achten Sie darauf, daß Geschirr und Tafelschmuck farblich aufeinander abgestimmt sind. Diese Aufgabe ist in dem abgebildeten Arrangement vorbildlich gelöst.

Statt exotischen Beiwerks kann man selbstverständlich auch heimische Fichten- oder Tannenzweige verwenden. Hauptsache, man erzielt eine reliefartige Oberflächenstruktur.

Weiße Weihnacht

Rechts: *Für die Tischdekoration werden die grazilen Blüten reinweißer Anemonen einzeln in kleine Würfel aus Steckmasse gedrückt.*

Anders als der eher rustikale rot-grüne Weihnachtsschmuck bringt eine weiße Tischdekoration das Bedürfnis nach Raffinement, Exklusivität und strahlendem Glanz zum Ausdruck. Dementsprechend nobel wird der Tisch gedeckt: mit Geschirr aus kostbarem Porzellan, Kristallgläsern und Silber. Das Ergebnis erinnert an die glitzernde Pracht einer winterlichen Landschaft.

Rechts: *Wie ein Theatervorhang lenkt diese Girlande aus Efeu den Blick auf die weiß gedeckte Tafel mit Kristallgläsern und Silberbesteck.*

Links: *Näht man Efeublätter mit Goldfaden an den Saum einer Tischdecke, erhält man eine wirkungsvolle Bordüre.*

TISCHTUCH MIT GRÜNER BORDÜRE

Ein einfaches weißes Tischtuch läßt sich mit einer Bordüre aus großen Efeublättern sehr ansprechend dekorieren. Dazu entfernt man die Stiele von den Blättern, fädelt diese einzeln auf Goldfäden und näht sie auf die Tischdecke. Eine besonders hübsche Wirkung läßt sich erzielen, wenn man sie am Saum fixiert, so daß sie locker herabhängen.

LAUBGIRLANDE

Girlanden gehören zum traditionellen Weihnachtsschmuck. Aus Blüten oder aus Blüten und Laub gefertigt, schmücken sie jedes Interieur und können die bescheidenste Ecke in eine bezaubernde kleine Oase verwandeln. Beispielsweise läßt sich mit ihnen ein Kamin oder ein Treppengeländer oder – mit einer kleinen Girlande – sogar ein Bilderrahmen schmücken. Der Phantasie sind hier keine Grenzen gesetzt. Obwohl man Girlanden fertig kaufen kann, sind selbstgemachte aus der heimischen Bastelwerkstatt natürlich weit reizvoller. Die Anfertigung von Girlanden ist nicht schwierig, erfordert aber etwas Geduld und Geschick. Die

Unten: *Eine üppige Girlande aus Zedern-, Fichten- und Buchsbaumzweigen umrahmt das Treppengeländer.*

Rechts: *Eine ätherisch anmutende, verträumte Winterlandschaft von klassischer Schönheit: Das Kerzenlicht wirft seinen flackernden Schein über den künstlichen Schnee, das Silberbesteck und die Kristallgläser. Dazwischen schimmern fein gemaserte, durchscheinende Anemonenblüten. Einfach anzufertigen und dabei ungeheuer dekorativ, bietet sich eine solche Tischdekoration z.B. für das Weihnachts- oder Neujahrsessen an.*

links abgebildete Girlande besteht aus Zweigen von Fichte, Efeu, Buchsbaum und Zeder.

Man benötigt verzinkten, mit grünem Papier bezogenen Messingdraht (im Gartencenter oder in einer Blumenhandlung erhältlich) und eine Schnur, die das Rückgrat der Girlande bildet und deren endgültige Länge vorgibt.

Zunächst wird die Schnur etwa 50 cm über dem Fußboden zwischen zwei Gegenstände (z.B. Stuhlbeine) gespannt. Anschließend schneidet man die Zweige sorgfältig zu, bindet sie zu kleinen gemischten Sträußen und befestigt diese mit Hilfe des Messingdrahts an der Schnur, wobei der Draht spiralförmig um die Stiele der Sträußchen gewickelt wird. Diese werden so ›geschichtet‹, daß sie jeweils die Stiele des zuvor befestigten verdecken. Wenn der letzte Strauß befestigt ist, wickelt man den Messingdraht noch einmal fest um die fertige Girlande und kappt ihn dann. Nun löst man die Girlande aus ihrer Fixierung.

Sie eignet sich als Umrahmung für eine Tür oder als Verzierung für eine Treppe, einen Kamin oder auch ein einfaches Möbelstück in der Diele.

Aus Eukalyptuslaub (wenn möglich, mit Blüten), Zierspargel, Mahonie und Buchsbaum läßt sich nach demselben Prinzip eine nicht minder dekorative Girlande anfertigen.

Praktische Tips Je länger man die Stiele der kleinen Sträuße beläßt, um so dichter läßt sich die Girlande wickeln.

Zierspargel hält sich länger, wenn man ihn mit Glimmer besprüht. Sein schönes Grün läßt sich mit Lackspray hervorheben.

TISCHDEKORATION

Damit ein weiß gedeckter Tisch nicht streng wirkt, kann man ihn mit Hilfe einiger Blüten und künstlichen Schnees in eine winterliche Landschaft verwandeln (rechts). Künstlicher Schnee ist im Kaufhaus oder Blumengeschäft erhältlich und läßt sich mühelos verarbeiten. Dazwischen wirken die weißen Anemonen fast wie Edelweiß. Die Flammen elfenbeinfarbener Windlichter lassen Lichtreflexe über den frostigen Schnee tanzen, bringen die Schneekristalle zum Glitzern und heben die Maserung der Blütenblätter hervor. Anemonen ähneln Christrosen, sind aber preiswerter.

Zur Vorbereitung der Dekoration wird ein Block Steckschwamm mit Wasser getränkt und in Würfel mit etwa 2 cm Seitenlänge geschnitten. Anschließend kürzt man die Stiele der Anemonen wie gewünscht, steckt jede Blume in einen Würfel und hüllt diesen in Folie, um das Tischtuch vor Nässe zu schützen. Ringsherum wird dann der künstliche Schnee arrangiert. Er soll so natürlich wie möglich wirken. Zum Schluß setzt man die Windlichter hinein. Genauso läßt sich auch eine herbstliche Tischdekoration aus herabgefallenem Laub, stacheligen Kastanien, Pilzen, Flechten u.ä. gestalten.

Praktische Tips Besonders feierlich wirkt eine solche Tischdekoration, wenn die Anemonen voll erblüht sind. Damit sie sich schneller öffnen, braucht man sie nur in die Vase zu stellen und diese neben der Heizung oder einer Lichtquelle zu plazieren.

Ist kein künstlicher Schnee aufzutreiben, läßt sich mit grobem Meersalz ein ähnlicher Effekt erzielen.

Tips und Tricks

Vorbereitung der Pflanzen

Die Stiele aller Blumen, ob gekauft oder gepflückt, müssen vor dem Arrangieren schräg angeschnitten werden, damit eine optimale Wasseraufnahme gewährleistet ist. Außerdem sollten sämtliche Blätter und Blüten entfernt werden, die in der Vase im Wasser stehen würden. Auf diese Weise verhindert man die Bildung von Fäulnisbakterien.

Rosen werden darüber hinaus mit Hilfe eines scharfen Messers oder eines sogenannten Abdorners von den Dornen befreit. Das verbessert nicht nur die Wasseraufnahme, es erleichtert auch die Weiterverarbeitung der Blumen, wenn man beispielsweise gemischte, etwas raffiniertere Sträuße binden möchte. Holzige Stiele wie die von Flieder oder Zierkirsche, Weide oder Hartriegel werden am unteren Ende mit einem Hammer breitgeklopft, damit die Kapillaren geöffnet bleiben und das Wasser bis zur Blüte aufsteigen kann.

Steckhilfen

Schnittblumen kommen nur dann ohne Steckhilfe aus, wenn die Vase eine enge Öffnung hat. Für Gefäße mit weiten Öffnungen empfehlen wir als Steckhilfe die handelsübliche Steckmasse oder weichen Maschendraht. In gläsernen Vasen wirken Flußkiesel, Steine und grober Sand sehr ansprechend. Überdies sind diese natürlichen Materialien ausgesprochen praktisch, was viele Blumenfreunde zu schätzen wissen.

Eine ebenso raffinierte wie einfache Steckhilfe läßt sich mit Hilfe von transparentem Klebe-

band herstellen, das man einfach gitterförmig über die Vasenöffnung führt. Beim Arrangieren des Straußes wird es vollständig unter Blüten und Blättern verschwinden.

Blöcke aus künstlichem Steckschwamm sind vielseitig verwendbar. Mit Wasser getränkt und in die gewünschte Form geschnitten, eignen sie sich für alle undurchsichtigen Vasen. Auch nicht-wasserdichte Gefäße lassen sich mit Hilfe von Steckschwämmen problemlos zu vollwertigen Vasen umfunktionieren. Möchte man einen Strauß beispielsweise in einem gesprungenen Keramikkrug oder aber in einem porösen Übertopf präsentieren, legt man unter den Steckschwamm eine wasserdichte Unterlage – etwa einen tiefen Teller oder auch ein Stück Cellophanfolie. Die Blumen werden in die Masse hineingedrückt. Danach muß man lediglich dafür sorgen, daß der Block nicht austrocknet; er sollte also immer wieder angefeuchtet werden.

Wahl des Gefäßes

Zweige, Blumen und Sträuße können im Prinzip in jedem Gefäß in Szene gesetzt werden, unabhängig davon, wie es geformt ist oder aus welchem Material es besteht. Allerdings passen bestimmte Vasen besser zu bestimmten Sträußen als andere. Glasgefäße eignen sich wegen ihrer effektvollen Lichtreflexe besonders gut für Frühlingssträuße, während dunkle, leuchtende Herbststräuße besser in schweren Metallvasen und Wintersträuße gut in erlesenem Porzellan, Silberpokalen oder Bleikristallvasen zur Geltung kommen. Im Sommer eignen sich hingegen Vasen aus Keramik oder azurblaue Emailkannen.

Bei der Suche nach der passenden Vasenform spielen jahreszeitliche Präferenzen keine Rolle. Ob man eine schlanke und hohe, trichterförmige oder gebauchte Vase mit enger oder weiter Öffnung benötigt, hängt allein von der Beschaffenheit der Blumen oder des Straußes ab. Hohe, ovale Vasen passen zu lockeren Arrangements und Blumen mit Ähren oder Trauben (z.B. Rittersporn oder Lupinen), während rundgebundene Sträuße in jeder Vase gut aussehen. Eine Vase, die von einem kompakten kleinen Bukett gekrönt wird (siehe Seite 140), wirkt völlig anders, wenn man sie mit langstieligen Blumen und Zweigen füllt.

Jeder ausgediente Becher, jede Schale läßt sich mit Hilfe eines Steckschwamms zu einer Vase umfunktionieren. (Bei Gefäßen mit engen Öffnungen kann man auf den Steckschwamm verzichten.) So erweitert sich das Spektrum der klassischen Vasen um alle möglichen Gegenstände – Teekannen, Tassen, Bastkörbe, Metallschalen, Muscheln . . .

Der runde Strauß

Seit etwa einem Jahrzehnt ist der rundgebundene Strauß en vogue. Mit Hilfe dieser Bindetechnik lassen sich hinsichtlich Farbe und Textur des Buketts unmittelbare Kontraste erzielen, und die kuppelförmigen Ergebnisse eignen sich für nahezu alle Vasenformen. Wir verkaufen sie in Manschetten aus buntem Seidenpapier.

Einen runden Strauß zu binden ist nicht schwierig. Rechtshänder nehmen die erste Blume zwischen Daumen und Zeigefinger der linken Hand. Die nächste Blume wird diagonal darübergelegt, so daß die Blüte nach links oben weist. Mit allen weiteren Blumen verfährt man genauso. Dabei dreht man den Strauß jedesmal ein Stückchen weiter, so daß die Stiele spiralförmig übereinander zu liegen kommen.

Zum Schluß wird der Strauß an der schmalsten Stelle der Spirale mit Bast oder Bindfaden zusammengebunden, und die Stiele werden eventuell nochmals angeschnitten. Beachten Sie, daß die Lage dieser Stelle über die Fülle des Straußes entscheidet: Je höher die Spirale angesetzt wird, desto schmaler der Strauß. Je weiter sie indes nach unten verlagert wird, desto breiter fächern sich die Blumen darüber auf.

Bündelweise Verarbeitung

Fast alle unsere Sträuße zeichnen sich durch die bündelweise Verarbeitung von Blumen und Blattgrün aus. Solche Buketts sind nicht nur besonders voluminös, auch das Spiel der Farben und Texturen kommt sehr gut zur Geltung. Wenn die Blumen sortiert, gesäubert und auf die gleiche Länge gekürzt sind, werden sie zunächst Sorte für Sorte zu kleinen Sträußen gebündelt und mit Blumenbast umwickelt. Wie viele Blumen jeweils zu einer Gruppe zusammengefaßt werden, richtet sich nach ihrer Größe. Bei Rosen beträgt die Durchschnittsmenge ein Dutzend, während man bei größeren Blumen wie Schmuckdahlien mit drei bis fünf Exemplaren auskommt. Mit bündelweise verarbeiteten Sträußen läßt sich immer eine prächtige Wirkung erzielen.

Dann legt man die Blumenbündel auf den ausgestreckten linken Unterarm und ordnet sie mit der rechten Hand zu einem Strauß. Der Phantasie sind hierbei keine Grenzen gesetzt. Es ist lediglich darauf zu achten, daß gleichartige Bündel nicht nebeneinander angeordnet werden. Der fertige Strauß kommt in eine Vase mit weiter Öffnung.

Diese sehr kompakten, dicht gefüllten Buketts brauchen viel Wasser. Das Gefäß muß täglich aufgefüllt werden.

Danksagung

Pierre Brinon und Philippe Landri möchten Monsieur und Madame Arbon, die die Idee zu diesem Projekt geboren haben, ihren Dank aussprechen. Ebenfalls danken sie Gisou Bavoillot, Marc Walter und dem gesamten Verlagsteam für ihre freundliche Unterstützung während der gesamten Produktionszeit. Sie danken darüber hinaus sehr herzlich Madame Françoise Fabian, Madame Laurence Drisin (Firma GALD) und insbesondere Monsieur Jean-Louis Scherrer, die durch Leihgaben und die Bereitstellung ihrer Wohnungen zum Gelingen des Bildbandes beigetragen haben.

Olivier de Vleeschouwer dankt den Eigentümern des Geschäfts »Les Mille Feuilles« dafür, daß sie ihn dazu auserkoren haben, ihre gemeinsame Passion für die Blumen- und Gartenkunst in Worte zu fassen. Er bedankt sich ebenfalls bei Gisou Bavoillot für ihr Bemühen um das perfekte Buch und bei Nathalie Bailleux für die Textredaktion und ihre wertvollen Ratschläge.

Der herzliche Dank des Verlags geht an das gesamte Team: Marc Walter, der die von Christophe Dugied so hervorragend fotografierten Sträuße auch auf dem Papier zur Geltung zu bringen wußte, Murielle Vaux, die Produktionsleiterin, Patrizia Tardito für den Satz sowie Nathalie Bailleux, Anne-Laure Mojaïsky, Véronique Manssy, Soazig Cudennec und Valérie Vidal.